Jonathan Sander

CROSSOVER MARKETING

oder: Social Media, mein Chef und andere Katastrophen

AF727248

100 FANS

Bibliografische Information der Deutschen Nationalbibliothek:
Die Deutsche Nationalbibliothek verzeichnet diese Publikation in der Deutschen Nationalbibliografie; detaillierte bibliografische Daten sind im Internet über **http://d-nb.de** abrufbar.

Für Fragen und Anregungen:
info@100fans.de

2. Auflage 2016

Nymphenburger Straße 86
D-80636 München
Tel.: 089 651285-0
Fax: 089 652096

Umschlaggestaltung: Catharina Aydemir
Umschlagabbildung: iStockphoto
Satz: Maximilian Fertl
Druck: Books on Demand GmbH, Norderstedt
Printed in Germany

ISBN Print 978-3-95705-004-5
ISBN E-Book (PDF) 978-3-95708-016-5
ISBN E-Book (EPUB, Mobi) 978-3-95708-017-2

Weitere Informationen zum Verlag finden sie unter

www.100FANS.de

Beachten Sie auch unsere weiteren Verlage unter www.muenchner-verlagsgruppe.de

INHALT

EINLEITUNG

Wie Sie es auch drehen und wenden, wir leben in einer schnelllebigen Zeit, in der sich viel am Laptop, Tablet oder Handy abspielt. Kleider, Bücher, Geschenke und vieles mehr bestellen Sie sich am PC. In Ihrem Unternehmen verbringen Sie wahrscheinlich die meiste Zeit am Telefon und im Internet oder in Ihrem E-Mail-Account. Geschäftsbesuche weichen Telefonkonferenzen, ist ja auch mit weniger Zeitaufwand und Kosten verbunden. Soziale Netzwerke sind Bestandteil Ihres privaten oder auch beruflichen Lebens und dank Internet sind Sie über alles, was Sie interessiert, bestens informiert.

Ständige Erreichbarkeit, schnelle Informationen und ein genauer Überblick über die Konkurrenz stellen an Unternehmen neue Anforderungen. Direkte Kommunikation mit dem Kunden ist via Facebook und Konsorten nicht nur möglich, sondern auch erwünscht. Da wird man als Unternehmen rigoros als Arbeitgeber oder Lieferant bewertet und muss dann mit den Folgen leben – ob gut oder schlecht.

»Social Media« ist das Schlagwort, das immer dann ins Feld geführt wird, wenn es um neue Formen der Kommunikation mit dem Kunden geht. Als Marketingverantwortlicher stehen Sie vor der Herausforderung, Social Media perfekt in Ihrem Unternehmen umzusetzen. Sie brauchen Ihren eigenen Youtube-Kanal, müssen Tausende von Fans auf Facebook haben, neueste Meldungen twittern, Kunden und Presse ständig mit neuen Informationen füttern, eine durchgestylte Homepage haben und einen Unternehmensblog auch. Damit nicht genug, Sie müssen dem Brand-Content-Gedanken Rechnung tragen, indem Sie auf unterhaltsame Art und Weise

Begriffe und Inhalte mit Ihrem Unternehmensnamen besetzen. So wie Red Bull, eine Firma, die einen Absprung aus wahnsinniger Höhe live überträgt und damit ihre Marke unglaublich stark bekannt gemacht hat. Wenn Ihr Marketingbudget mehrere Millionen umfasst, sind Sie sauber aus dem Schneider. Wenn nicht, könnte es schwieriger werden.

Diese Entwicklung betrifft Ihre Marketingaktivitäten grundlegend. Denn über Empfehlungen in Internetforen werden Produkte zum Hype oder Flop. Neuigkeiten sprechen sich schnellstens herum dank Twitter, Facebook und Instagram. So schnell ist keine Tageszeitung oder Nachrichtensendung. Wenn die Homepage eines Unternehmens nicht gut aussieht, kann das Produkt ja auch nichts sein, oder? Wer schnell, aktuell, ansprechend und der Zeit voraus auftritt, hat klare Vorteile. Sie können als Unternehmen noch so gut sein, wenn die Öffentlichkeit das nicht mitkriegt, wer soll dann was von Ihnen kaufen?

Unternehmen müssen sich der Frage stellen, wie sie mit den neuen Medien und Möglichkeiten von Facebook, Twitter und Co. umgehen. Auch wenn kein großes Marketingbudget zur Verfügung steht, kann doch viel erreicht werden: ***Crossover-Marketing* versetzt Sie als Marketingverantwortlichen in die Lage, vor diesen Herausforderungen zu bestehen.** Auch mit einem weniger großen Budget. Auch dann, wenn Sie keinen Stab von 20 Mitarbeitern und keine sieben Agenturen haben, die Sie unterstützen. **Mit *Crossover-Marketing* können Sie aus diesen Herausforderungen sogar erfolgreich als Unternehmen und erfolgreich in Ihrer Funktion hervorgehen!** Sie brauchen dazu die Bereitschaft, über den Tellerrand hinauszuschauen. Den Blick fürs Ganze und den Mut, sich neu auf Ihren Marketingbereich einzulassen. ***Crossover-Marketing* fordert Sie dazu auf, als Marketingunternehmer zu denken und zu handeln.** Dadurch werden Sie Ihren ganz persönlichen (Unternehmens-)Weg finden und gehen. Das GEHEN ist dabei das Entscheidende.

Viele Marketingverantwortliche stehen vor der Herausforderung, diese neuen Medien zu erlernen, und das sind oftmals unüberwindbare Barrieren. Anders die jungen Erwachsenen: Die »digitale Generation«, kann zwar per Fingerwisch in einer Selbstverständlichkeit alles auf dem Handy regeln, verfügt jedoch nicht über die Erfahrung und das Wissen, was eine verantwortliche Marketingtätigkeit erfordert. Diese Lücke wird sicherlich in den nächsten Jahren geschlossen werden. Bis dahin aber brauchen wir die Erfahrung UND den richtigen Einbezug der neuen Medien ins Marketing: *Crossover-Marketing*! Das Handwerkszeug stellt die theoretische, klassische Marketinglehre dar. Zusätzlich sind Weitsicht, Strategien und Visionen gefragt. Unternehmerisches Handeln ist genauso notwendig und dann schlussendlich die richtige Mischung aus Social Media und Brand Content. Die richtige Mischung macht's! Das gilt auch hier. Wenn Sie diese Bestandteile beherrschen und auf Ihre Unternehmenssituation richtig anwenden, dann können Sie sich als Marketingverantwortlicher profilieren. Noch wichtiger: Sie können Ihr Unternehmen voranbringen!

Die Anwendung von *Crossover-Marketing* scheitert nicht an einem zu kleinen Geldbeutel. Hier liegt gerade die Chance! Durch einen gekonnten Auftritt in der Internetöffentlichkeit können Sie sich so darstellen, wie es zu Ihrer Strategie passt. Klare Voraussetzung ist natürlich, dass Sie über Produkte verfügen, die gut sind und auch nachgefragt werden. Mit *Crossover-Marketing* schaffen Sie die Grundlagen, dass Ihre Marketingaktivitäten den heutigen Anforderungen gerecht werden. Unterschätzen Sie nicht die Macht, die von den neuen Medien ausgeht. Wenn Sie aber einen Weg in diesem Konstrukt gefunden haben, dann gehen Sie mit voller Kraft voraus. Und Sie werden sehen, es lohnt sich!

Crossover-Marketing soll Sie als Marketingverantwortlichen begleiten, sich in den neuen Anforderungen zurechtzufinden. Sie erhalten richtungsweisende Empfehlungen, bei denen Sie immer selbst entscheiden, ob Sie sie umsetzen möchten oder auch nicht. Dabei wird immer das große Ganze im Auge behalten. Ihre Tätigkeiten beschränken sich nicht auf die Bereitstellung von Broschüren, Werbegeschenken und der Homepage. Sie werden zum Unternehmer in Ihrem Feld: zum Marketingunternehmer! Dabei müssen Sie unterschiedliche Sichtweisen einnehmen und Wege prüfen, die Sie vielleicht nicht gegangen wären. Aber vielleicht ist genau das der richtige Weg? Sie werden es herausfinden!

Zur Standortbestimmung finden Sie Checklisten und Aufstellungen, die Sie für Ihre Unternehmenssituation beantworten und überprüfen können. Es geht hier nicht darum, ob Sie »bestehen« oder nicht, sondern an welcher Stelle Sie stehen. Sofort werden Sie erkennen, ob Sie Handlungsbedarf haben oder ob Sie diesen Schritt bereits gemeistert haben. Am Ende eines jeden Kapitels finden Sie eine Zusammenfassung, die Sie kurz und bündig abholt und die wichtigsten Punkte auflistet.

Crossover-Marketing erfordert Weitsicht, einen kühlen Kopf und die Bereitschaft, sich einzusetzen. Dabei soll der Spaß nicht zu kurz kommen. Deshalb werden Sie in diesem Buch immer wieder meinem Chef begegnen, der auf seine ganz besondere Art und Weise zum Gelingen dieses Buches beiträgt. Seine Ansichten lösen nicht selten Fluchtgedanken aus. Mit einem Augenzwinkern darf er aber gerne zu Wort kommen. Ähnlichkeiten mit realen Personen sind rein zufällig und nicht beabsichtigt! An dieser Stelle sei gesagt: Ich hatte immer Chefs, die mich vorangebracht haben und von denen ich viel lernen konnte – dafür bin ich dankbar! Und ich war schon selbst Mitarbeiter, Vorgesetzter, Unternehmer und Angestellter in großen sowie kleinen Firmen, daher kenne ich beide Seiten sehr gut.

Ich wünsche Ihnen die Weitsicht zu erkennen, wie Sie IHREN WEG gestalten und gehen möchten. Ich wünsche Ihnen eine unterhaltsame Zeit, die Sie bereichern soll. Dieses Buch soll Ihnen Wegbegleiter sein und Sie nicht belehren, sondern soll Sie in den Alltag mitnehmen. Der Alltag, der zur Besonderheit wird, weil SIE die Möglichkeit haben, Ihren Firmenalltag spannender zu gestalten und zu präsentieren. Wie Ihr Unternehmen in der Öffentlichkeit dasteht, liegt zu einem Großteil in Ihren Händen. *Crossover-Marketing* unterstützt Sie dabei, den geeigneten Marketingweg zu finden.

Ich wünsche Ihnen alles Gute auf IHREM Weg!
Ihr Jonathan Sander

ICH BIN IM MARKETINGDSCHUNGEL GELANDET!

Gratulation, Sie sind für das Marketing zuständig! Marketing ist ein beliebtes Studienfach und ein beliebtes Berufsziel. Tolle Events, man lernt viele Leute kennen, hat mit Gott und der Welt zu tun und gestaltet den Unternehmensauftritt maßgeblich mit. Die Geschäftsführung hat ein Auge auf Ihre Tätigkeiten und wenn alles gut läuft, sind Sie ein erfolgreiches Mitglied Ihres Unternehmens. Wenn Sie ein Millionenbudget zur Verfügung haben und frei darüber verfügen können, dann ist das super! Die Welt steht Ihnen offen und Sie haben großen Handlungsspielraum. Wenn nicht, dann sind Sie hier genau richtig. Mittlere und kleinere Unternehmen müssen sich gut vermarkten, haben dafür aber oftmals nur ein begrenztes Budget übrig. Dennoch muss der Auftritt stimmen und die Leistung soll professionell vermarktet werden. Ein Balanceakt, der nicht immer gelingt. Agenturen, die diesen Unternehmen leicht auf die Sprünge helfen könnten, sind zu teuer. Fachkräfte und geeignete Mitarbeiter mit Weitsicht für Marketingvisionen finden sich nicht immer.

Erfolgreiches Marketing in der heutigen Zeit ist eine Herausforderung, der man manchmal unkonventionell und doch mit einer guten Strategie begegnen muss. Gerade für mittelständische und kleinere Unternehmen stellt sich die Frage, wie das alles abzuleisten sein soll, gerade wenn der Marketingbereich eben nicht aus Grafikern, Journalisten, Fotografen und einem Pressesprecher neben weiteren Marketingfachleuten besteht. Hier muss der Marketingverantwortliche oft um jede zusätzliche Kapazität und jeden Penny für das Budget kämpfen. Die Anforderungen bleiben dennoch die gleichen. Und dann sollen auch noch Soziale Netzwerke und die Markenposition auf- und ausgebaut werden. Weitestgehend ohne Unterstützung von Agenturen, alles selbst aus dem Ärmel geschüttelt. Da kommt wenig Freude auf, wenn man nicht weiß, wo man anfangen soll.

Vielleicht kommt Ihr Chef eines Tages um die Ecke und sagt zu Ihnen in einer großartigen Stimmungslage, bei der Sie schon ganz misstrauisch werden: »Da gibt es doch jetzt was ganz Tolles. Social, Content und Twitter und so. Das brauchen wir, da müssen wir vorne mit dabei sein. Machen Sie mal!« Gut, kosten darf es natürlich nicht wirklich was, weil erst mal Geld verdient werden muss, bevor man mal wieder ein paar Euro ins Marketing stecken soll. Und dann sollen Sie als Marketingverantwortlicher neue Strategien bringen, die sich natürlich von anderen Unternehmen unterscheiden. Ist doch ganz klar. Und das nebenher, mit unverändertem Personalstand und natürlich on top auf die anderen Aufgaben. HILFE!!!!

Sie befinden sich in einem Dschungel. Nur statt dem obligatorischen »Aaaaaaaaa-aaaaaaaaaa« im Sinne von Tarzan und Jane, die sich von Liane zu Liane schwingen und ab und zu einem netten Affen oder einer Schlange begegnen, haben Sie es mit Schlagworten zu tun. Schlagworte, die jeder benutzt. Schlagworte, die Sie in Ihrem Unternehmen umsetzen sollen – erfolgreich umsetzen. Aber kann Ihr Chef »Social Media« erklären? Oder »Brand Content«, »web 2.0« und Co.? Ist Ihr Chef Nutzer von Facebook, Twitter, Youtube, Flickr und wie sie alle heißen? Vielleicht gibt er auch nur Thesen dazu weiter, die er irgendwo aufgeschnappt hat, und er fühlt sich jetzt als Experte? Und dann kommen Sie ins Schleudern, weil Sie mal kurz von heute auf morgen Ihr Marketing anpassen und revolutionieren sollen. Natürlich besser als die anderen …

Selbst wenn Ihr Chef diese Begriffe kennt und sie nicht nur nachplappert, weil das alle tun, dann stehen Sie vor der großartigen Herausforderung, diese neuen Medien in Ihrem Unternehmen selbst anzuwenden. Vermutlich sind Sie damit beauftragt, sich darum zu kümmern und dafür zu sorgen, dass Ihr Unternehmen gut repräsentiert wird. Die Onlinewelt soll auf Ihr Unternehmen aufmerksam gemacht werden und Ihnen Geld in die Kassen durch viele neue verkaufte Produkte spülen. Doch genau hier liegt der Haken: Welche Maßnahmen haben Erfolg? Welche Aktivitäten in sozialen Netzwerken können Ihren Ruf schädigen?

Zwar befinden sich viele Unternehmen in der gleichen Lage, dass sie erst mal reinschnuppern, ausprobieren und dann letztendlich ihren Weg finden. Vielleicht auf Umwegen und vielleicht auch mit blauen Flecken und Schrammen. Eines ist aber ganz klar: Was für andere Firmen funktioniert, muss nicht zwangsläufig auch für Ihr Unternehmen passen. Große Unternehmen sind meistens gute Vorbilder und Vorreiter in Sachen Social Media und Brand Content. Es erleichtert die Arbeit, wenn man ein sechsstelliges oder siebenstelliges Budget zur Verfügung hat. Da kann man professionelle Hilfe in Anspruch nehmen und erhält erstklassige Ergebnisse. Bei diesen Unternehmen kann man sehen, wie man durch Social-Media-Aktiväten Millionen von Fans erreichen kann. Nicht alle werden deren Produkte kaufen, aber sicher ein gewisser Bruchteil davon. Darum geht es letztlich. Und diese Fans kommen alle von selbst zu den Unternehmensauftritten in Facebook oder Youtube. Das ist gelungene Werbung, das ist gelungenes Marketing. Wenn Sie jedoch nicht die Mittel zur Verfügung haben, wie sollen Sie das dann nachmachen? Müssen Sie in allen sozialen Netzwerken unterwegs sein? Müssen Sie ein Video nach dem anderen auf Youtube hochladen? Wo sollen Sie anfangen?

Vor dieser Problematik befinden sich viele Marketingverantwortliche. Einen genauen Leitfaden mit 100 Action Points, der Sie durch alle Social-Media-Kanäle führt, suchen Sie vergeblich. Vielleicht stößt der eine auf mehr Verständnis und Unterstützung als der andere, aber beim Thema Kosten geht die Augenbraue des Chefs meist nach oben. Und verzieht sich langsam, aber sicher zu einem Vorboten einer Gewitterwolke, die jegliche neuen Vorschläge erst mal zum Scheitern verurteilt. Doch bei aller Veränderung, die den Marketingbereich momentan besonders stark trifft, liegt hier Potenzial zur Profilierung für Sie selbst und für Ihr Unternehmen! Dass damit über kurz oder lang steigende Umsätze verbunden sind, davon gehen wir aus. Und ich gehe ebenfalls davon aus, dass Sie ein Produkt vermarkten wollen, das gut ist und sich auch von anderen unterscheidet. Dann sind Sie in der richtigen Startposition für *Crossover-Marketing*! Was das bedeutet, erfahren Sie gleich.

Über viele SocialMedia-Kanäle wie Facebook, XING, Twitter oder auch Youtube finden Sie genügend Fachliteratur. Dort lernen Sie die Grundlagen und Möglichkeiten kennen, die diese Tools bieten. Das möchte ich weder ersetzen noch ein weiteres Fachbuch zu diesen Themen beisteuern. Was *Crossover-Marketing* bedeutet, geht über die einzelnen Kanäle hinaus. Sie werden all diese Möglichkeiten aus einer anderen Perspektive betrachten und dann auswählen, wie diese Möglichkeiten zu Ihrer Unternehmenssituation und zu Ihrer Strategie passen. Dennoch müssen Sie jedes einzelne Tool bearbeiten, damit es ein Gesamtgebilde gibt. Jedoch unter dem Fokus der Gesamtstrategie! *Crossover-Marketing* verlangt unternehmerische Fähigkeiten von Ihnen. Potenziale zu erkennen und zu nutzen ist auch mit geringem Budget möglich. Das können nur Sie für Ihr Unternehmen beurteilen, das kann Ihnen kein Ratgeber abnehmen. Aber ich werde Ihnen den Blick dafür schärfen und Sie auf Ihrem Weg begleiten. Genau hier liegt die Chance für Sie, weil eben noch keine klaren Leitlinien für Social-Media-Aktivitäten vorhanden sind.

Zuvor heißt es erst einmal: Nerven behalten, sich nicht verrückt machen lassen und einen kühlen Kopf bewahren. Sortieren Sie sich, Ihre Lage, Ihre Möglichkeiten und wählen Sie dann den passenden Weg zu Ihrer Strategie. Glasklar, einfach und doch spannend. Vielleicht nicht ganz so einfach, denn dann würden es ja alle so machen. Aber gehen wir mal davon aus, dass SIE das schaffen. Schnappen Sie sich die Machete und räumen Sie den Dschungel erst mal auf. Bauen Sie ein Baumhaus und schauen Sie von oben, wie Sie aus Ihrer »Tarzan und Jane«-Situation ein Erfolgsrezept machen können. Hat ja irgendwie schon einmal geklappt – Tarzan und Jane kennt auch jeder …

Warum sollten Sie dieses Buch lesen?

Okay, jetzt mal von ganz vorn. Warum sollten Sie dieses Buch lesen? Und was bringt es Ihnen? Berechtigte Fragen, für die Sie eine Antwort sofort und jetzt erhalten sollen! Sie sind fürs Marketing zuständig, das hatten wir schon geklärt. Sie stehen vor der Herausforderung, neue Wege für Ihr Unternehmen zu finden, die Social Media und Co. in Ihrem Marketingkonzept berücksichtigen, und dann für die Umsetzung zu sorgen. Ziel ist die Profilierung Ihrer Firma und damit die Unterstützung für einen steigenden Umsatz. Klassische Werbung reicht nicht mehr aus, denn die Aufmerksamkeit richtet sich mittlerweile auf andere Kanäle. Onlineforen und Onlinemedien erhalten immer mehr Zuhörer, Zuschauer und Abonnenten, da bekommen Printmedien langsam ihre Schwierigkeiten. Wo Prospektmaterial einst ausreichte, taucht jetzt die Frage nach der Facebook-Seite auf.

Das alles sollen Sie jetzt ableisten. Schnell, effektiv und sehr erfolgreich. Nur wie gehen Sie jetzt vor? Einen Leitfaden gibt es nicht. Sie werden viele Bücher und Anleitungen für den jeweiligen Social-Media-Bereich finden, aber die Umsetzung müssen Sie selbst machen. Was auf den einen zu 100 Prozent zutrifft, ist für den anderen genau der falsche Weg. Trial & Error ist an der Tagesordnung. Wenn Sie nicht auf viele Agenturen zurückgreifen können, die Sie in Sachen Grafik, Presse, Kommunikation, Werbung, Strategie und Weiterem unterstützen, dann erscheint die Lage als aussichtslos. Genau aus diesem Grund sind Sie bei *Crossover-Marketing* richtig! Sparen Sie sich die Trial & Errors, die Sie entmutigen. Fehler werden nicht ausbleiben, aber nutzen Sie den Zeit- und Wissensvorsprung, den Sie durch Anwendung von *Crossover-Marketing* erhalten. Die Tipps und Denkanstöße, die Sie hier erhalten, sind praxiserprobt – mit Erfolg. Erfolgreiches

Arbeiten motiviert und setzt neue Möglichkeiten frei, die zu neuen Erfolgen führen.

Man muss nicht immer über das größte Budget verfügen, um Marketingerfolg zu erreichen. Ich zeige Ihnen auf unterhaltsame Weise, wie Sie vorgehen müssen, um im Marketingdschungel mit allen Wahnsinnsanforderungen zu bestehen. Weshalb sollten Sie nicht die Vorteile der neuen Medien nutzen können, nur weil das Budget fehlt? Es kann sehr entmutigend sein, wenn man eigentlich wüsste, wie man seinem Unternehmen zu größerer Aufmerksamkeit verhelfen kann, und es scheitert am Geld. Woanders ist das Gras immer grüner. Das darf aber kein Grund zum Aufgeben sein. Mittlere und kleine Unternehmen haben die großartige Chance, mit Ausdauer, Einsatz, Kreativität und guter Arbeit viel Aufmerksamkeit zu erhalten. Und damit die Chance, mehr Kunden zu erreichen. Vielleicht sogar weitaus mehr Kunden, als sie mit Anzeigen erreicht hätten. Und Anzeigen kosten bekanntlich eine Menge Geld. Je bekannter und größer die Zeitschrift, umso teurer.

Mein Chef kam auf die glorreiche Idee, dass er unbedingt einen Artikel über sich – äh, über seine Firma – veröffentlichen wollte. Er wartete vergeblich darauf, dass ein Journalist und seine beliebte große Fachzeitschrift auf ihn zukommen würden, um ihn exklusiv zu interviewen. Sehr genervt klagte er mir dann sein Leid und ich solle mal dafür sorgen, dass endlich ein Artikel über ihn – äh, über seine Firma – erscheint. Ein Anruf in der Redaktion brachte nur ein müdes Lächeln des Redakteurs (das konnte man selbst durch den Hörer mitbekommen) und die Aufforderung, wir sollten uns an die Anzeigenabteilung wenden. Die Mediadaten mit der Auflistung der entsprechenden Preise waren sehr heilsam. Eine DIN-A4-Seite lag im fünfstelligen Bereich, die ich gleich dem Chef per Weiterleitung zuspielte. Daraufhin war das Thema für lange Zeit gegessen …

Crossover-Marketing berücksichtigt Social Media und deren Anforderungen an Unternehmen, die sich aktuell und professionell präsentieren möchten. Ein kleines Budget soll kein Hindernis sein. Darum geht es in diesem Buch. Wichtiger Hauptbestandteil von *Crossover-Marketing* ist das Beherrschen des Marktinghandwerks. Klassisches Marketing haben Sie als Marketingverantwortlicher studiert und können auf Ihr Wissen zurückgreifen. Das ist die Basis für eine klare, strategische Ausrichtung der Marketingaktivitäten im Social-Media-Bereich. Facebook und Co. kommen nicht einfach noch obendrauf auf den Aufgabenstapel und müssen abgearbeitet werden. Nein! **Der Blickwinkel ist anders.** Ich berücksichtige viele Bereiche, die hier mitspielen. Bevor Sie in einem der Onlinekanäle aktiv werden, müssen Sie sich mit Fragen auseinandersetzen, die Ihre aktuelle Situation betreffen. Haben Sie die Voraussetzungen intern geschaffen, um Youtube oder Blogs professionell zu betreuen? »Professionell« und »zielgerichtet« sind die Unterschiede zum einfachen Mitmischen. Auch wenn Sie kein Webdesigner oder Journalist sind, so sollte doch der Eindruck entstehen, dass Ihr Unternehmensauftritt kein lästiges Übel ist, sondern mit Ernsthaftigkeit und Enthusiasmus betrieben wird.

Widerstehen Sie der Versuchung, nur in »Marketing« zu denken, sondern denken Sie ganzheitlich – abgedroschenes Wort, aber zutreffend. Nutzen Sie unterschiedliche Disziplinen und Möglichkeiten, um Ihren persönlichen Weg zu finden. Vor allem nutzen Sie die neuen Medien und Möglichkeiten kreativ, um einen Weg zu gehen, der zu Ihrem Unternehmen passt. Denn das ist die Voraussetzung. Nur wenn Sie IHREN Weg finden, erscheinen Sie auch nach außen als authentisch. Reines Nachmachen von Facebook-, Twitter- und anderen Ratgebern passt vielleicht nicht wirklich auf Ihre Situation. Vielleicht liegt hier der Hase im Pfeffer?

Wenn Sie *Crossover-Marketing* in Ihre Marketingaktivitäten einbinden, dann frage ich Sie immer wieder nach Ihrer Unternehmensstrategie. Die Wirkung verpufft, wenn Sie nicht zielgerichtet vorangehen. Gleichen Sie Ihre Aktivitäten mit den Unternehmenszielen ab und richten Sie sich danach aus. Dann werden Sie mit Social Media und Brand Content wirksam die Umsetzung Ihrer Unternehmensziele erreichen. Das wird einige Zeit dauern, aber nach einem halben Jahr werden Sie feststellen, dass Ihre Maßnahmen erste Wirkung erzielen. Halten Sie durch. Hinterfragen Sie sich laufend, ob Ihre Maßnahmen an der Strategie ausgerichtet sind und das große Ganze im Fokus steht. Fertigen Sie sich einen Maßnahmenkatalog an, den Sie kontinuierlich verfolgen. Dieser darf nicht in Stein gemeißelt sein, sondern gilt als Richtungsweiser für Ihre Schritte. Neue Erkenntnisse werden darin einfließen und unter Umständen Anpassungen erforderlich machen.

Nutzen Sie dieses Buch, um Ihr Marketing und sich selbst erfolgreich zu machen. Sie werden Möglichkeiten für sich finden, die Sie umsetzen können. Sie werden neue Denkanstöße erhalten und selbst entscheiden, ob Sie dabei sein wollen. Die Richtung, die in der Marketingwelt jetzt eingeschlagen und als Standard vorausgesetzt wird, können wir nicht einfach ignorieren. Aber Sie können als Gewinner daraus hervorgehen. Und als Marketingverantwortlicher, der seiner Zeit voraus ist und von Anfang an dabei war. Dabei begleite ich Sie! Und auch der Chef, der ab und zu um die Ecke kommt und ganz tolle neue Ideen hat. Und sich bestimmt auch hin und wieder beschwert, warum Sie noch kein Millionenpublikum bei Facebook haben. Und auch keine Millionen von Klicks auf Youtube. Und der übrigens noch eine Idee hat zum Thema … Ich muss schnell weg!!!!

Spinnen denn alle???

Sie werden sicherlich genügend Storys und Kuriositäten kennen, die sich um das Thema Social Media ranken. Junge Typen, die mit Youtube so viel verdienten, dass sie das jetzt hauptberuflich machen. Flashmobs, wobei sich plötzlich Hunderte Menschen auf der Straße treffen und zusammen tanzen, Sternchen, die durch Facebook so bekannt wurden, dass sie ihre eigene Show bekommen und so weiter. Und dann kommt der Chef um die Ecke und meint, dass Facebook ja echt doof sei. »Wenn es nach mir geht, dann brauchen wir das ja gar nicht. Ich werde das mit Sicherheit NIIIIIIIIIIIIIIIIIIE nutzen. Aber wir müssen das halt machen. Jedes Unternehmen hat Facebook. Warum haben wir das noch nicht? Machen Sie mal!« Ja, klar, mach ich. Haben wir bald. Und der junge Kollege hört »Facebook« und erzählt gleich von der Party, die sein Kumpel auf Facebook gestellt hat. Und dann sind da 2000 Leute gekommen. Seine Wohnung war aber nur 40 Quadratmeter groß und das gab einen riesigen Tumult. Dann musste die Polizei kommen und alles wieder in geordnete Bahnen lenken. Das war's dann mit Partys-auf-Facebook-Stellen! Die ganze Story wird mit einem schnöden Blick und Verachtung vom Kollegen mittleren Alters bedacht, der Facebook als gläserner Mensch à la *1984* sieht und jeden nur davor warnen muss, Facebook zu nutzen. Wenn mal die persönlichen Daten im Netz sind, dann sei alles aus.

Ja, spinnen denn alle? Jede Woche kommen neue Meldungen und mindestens eine neue Einladung für ein Seminar zum Thema »Marketing in der Social-Media-Zeit« heraus. Sollen Sie die alle besuchen? Wenn Sie die Zeit dazu haben, gerne! Warum nicht? Wenn nicht, dann lesen Sie dieses Buch. Hier finden Sie in Kürze die wichtigsten Informationen mit einer praxisorientierten Anleitung, wie Sie diese Möglichkeiten für Ihr Unternehmen nutzen können. Lassen Sie sich nicht verunsichern. Erliegen Sie vor allem nicht der Versuchung, schnell, schnell, schnell etwas auf die Beine zu stellen, was Sie hinterher bereuen. Gerade weil Social-Media-Kanäle viele Menschen erreichen, sollten Sie gezielt und mit Bedacht vorgehen. Die Zeit, die Sie jetzt in Ihre strategischen und grundlegenden Marketingüberlegungen investieren, wird sich langfristig für Ihr Unternehmen auszahlen. Das bedeutet nicht, dass Sie sich endlich Zeit lassen sollen. Abwarten bringt ebenso wenig. Die heutige Zeit gibt das nicht her. Sie müssen handeln – eben mit Bedacht und einer klaren Richtung.

Ich selbst fiel auch ins kalte Wasser, was Social Media angeht. Facebook kannte ich aus dem Fernsehen, das wird ja immer bei der Werbung und in vielen Shows eingeblendet. Man soll auch immer mittwittern. Aber wie? Mein XING-Konto war zwar schon seit langer Zeit angelegt, ruhte aber still vor sich hin. Und dann kam die Aufforderung vom Chef, ich solle jetzt mal »Social machen – Aber dalli!«. Ja klar, mach ich. Spinnt der? Das hätte ich ihm wohl so nicht ins Gesicht gesagt. Aber bei genauerer Betrachtung war die Feststellung, dass schon die 14-Jährigen diesbezüglich mehr draufhätten als ich, wirklich peinlich. Da geht der Finger – wisch-wisch – hin und her über das Display und Unterhaltungen finden nicht mehr mit Blickkontakt, sondern mit Blick auf das Handy statt. Ernsthafte Konkurrenz für mich in einigen Jahren, denn diese Generation hat zwar jetzt noch nicht den betriebswirtschaftlichen Hintergrund für mein Arbeitsfeld, aber lange wird es nicht mehr dauern, bis es dazukommt. Etwas widerwillig startete ich das Projekt Social Media und setzte mich mit Stapeln von Fachliteratur an den Schreibtisch. »Nicht bezahlt, das können Sie in Ihrem Feierabend machen, ist ja keine Frage. Sie haben sowieso nichts vor, oder?« Was keine nett gemeinte Frage meines Chefs war, sondern eine nachdrückliche Aufforderung. Damals nicht denkbar für mich, aber rückblickend betrachtet hat es mir wirklich viel Spaß gemacht. Vielleicht braucht es manchmal den Wink mit dem Zaunpfahl. Social Media ist keine Bedrohung, sondern eine Bereicherung. Wenn die Anfänge gemacht sind und der Erfolg kommt, ist das ein Motivationsschub, der neue Energie und neue Ideen freisetzt.

Sie als Marketingverantwortlicher haben die Chance, etwas zu verändern. Mit *Crossover-Marketing* können Sie in die Social-Media-Welt eintauchen und Ihrem Unternehmen neue Schubkraft verleihen. Wagen Sie den Wechsel in das Kommunikationszeitalter, seien Sie auf Augenhöhe mit Ihren Kunden und Interessenten. Treten Sie in den Dialog. Das birgt Risiken und Unsicherheiten, aber Ihre Kunden werden das über kurz oder lang von Ihnen fordern. Ein Unternehmer, der im Internet keine eigene Homepage hat, wird heute kaum noch ernst genommen. Vielleicht gilt das auch in einigen Jahren für Facebook und Co.?

Klassisches Marketing ist OUT – warum eigentlich?

Kennen Sie das? Das »klassische« Marketing ist doch tot! Das können Sie vergessen! Damit kommen Sie nicht mehr voran! Sagen Sie das mal Ihrem Chef! Ein Versuch wäre es doch wert – mal schauen, ob er es lustig findet, wenn Sie von heute auf morgen alle Broschüren abschaffen würden! Oder wenn Sie ihm erzählen, dass Sie nicht mehr mit Ihren Kunden von Angesicht zu Angesicht reden, sondern nur noch via Twitter und Onlinemeeting. Da können Sie die Stimme vom Chef noch im Nachbarbüro-Komplex zwei Straßen weiter hören! Da fallen bestimmt auch Worte, die ich hier sicherlich nicht aufschreiben kann – wir wollen doch ein gewisses Niveau wahren! Und mal abgesehen vom Wutausbruch des Chefs, auf den wir sicherlich gerne verzichten können, so steckt doch ein Körnchen Wahrheit darin.

Vielleicht kann der Chef das ja auch mal freundlicher sagen … Geht's noch? Also gut, das klassische Marketing sollten Sie nicht einfach so über Bord werfen, wenn Sie Social Media in Angriff nehmen wollen. Schlimm genug, Sie brauchen es als Grundlage für alle Aktivitäten, die Kommunikation mit dem Kunden tangieren. Das gilt auch für den Social Media-Bereich. Auch wenn klassisches Marketing out sein sollte. Ihr Handwerkszeug brauchen Sie ständig. Sie sollten keine Schweißausbrüche bekommen, wenn Sie die Worte »Kunde«, »Markt«, »Absatzpotenzial« und Co. hören. Ich will Ihnen keine Vorträge über marketingpolitische Instrumente, Produktpolitik, Kommunikationspolitik und andere Dinge halten. Sie wären sicherlich nicht in Ihrer Position, wenn das für Sie Neuland wäre! Und unter uns, es gibt auch Nachschlagewerke, mit deren Hilfe man sein Wissen wieder auf den neuesten Stand bringen kann … Wie hat mein Dozent früher immer gesagt? »Sie müssen wissen, wo Sie das nachschlagen können!« So ist das!

Sie dürfen sich als Marketingverantwortlicher jetzt also mit Social Media herumschlagen, aber alle Marketingaktivitäten, die Sie seither ausüben, müssen weiterhin laufen. Social Media ist der alles versprechende neue Wunderheiler für alle Marketingaktivitäten. Klassisches Marketing ist zwar kein Tabu, bringt Ihnen aber keine neuen Lorbeeren. Also bringen wir das mal auf einen Punkt: Sie dürfen nicht über klassisches Marketing reden, müssen es aber beherrschen und anwenden – was Sie sicherlich täglich tun – und sollen jetzt zu allem Überfluss noch den neuen Medien und den damit einhergehenden Anforderungen gerecht werden. Damit nicht genug, Sie sollen das glänzend ausüben und Ihrem Unternehmen Ruhm und Erfolg bescheren. Keine leichte Aufgabe, wenn man nicht nach logischen Schritten und genauen Anweisungen vorgehen kann.

Bevor wir zu Social Media kommen, sollten wir noch mal einen Schritt zurückgehen: Wie ist es denn um Ihre klassischen Marketingmaßnahmen bestellt? Haben Sie das Fundament sauber gelegt, damit Sie in der Lage sind, Facebook und Co. für Ihre Marketingaktivitäten zu nutzen? Nutzen können Sie Facebook und die anderen Kanäle in jedem Fall, da gibt es keine Zugangsbeschränkungen. Der Unterschied liegt in der zielgerichteten, ehrlichen Nutzung.

Crossover-Marketing bedeutet im ersten Schritt, dass Sie Ihr Handwerkszeug beherrschen und auch das klassische Marketing nutzen, wie es zu Ihrem Unternehmen passt. Zudem müssen Sie Ihr Unternehmen wie Ihre Westentasche kennen. Das ist die Voraussetzung, um schnell, aktuell und mit Mehrwert für den Kunden zu agieren. Wenn das der Fall ist, dann können Sie den nächsten Schritt gehen und wirklich »CROSS-OVER«, also bereichsübergreifend und medienübergreifend agieren. Und Erfolg werden Sie

dann haben, wenn eines zum anderen passt! Auweia, ich wollte Sie doch mit Leichtigkeit unterhalten, und jetzt kommt der Zeigefinger? Gut, wir führen hier keine softe Unterhaltung, sondern wir wollen ja auch Erfolg. Von nichts kommt nichts. Da kennen wir ja auch genügend Geschichten vom Chef, wie er gegen alle Widerstände Großes erreicht hat! Mit harter Arbeit, im Schweiße seines Angesichts und ohne Penny in der Tasche, am Hungertuch nagend! Warum hat er dann eigentlich einen »kleinen« Wohlstandsbauch? Wo kommt der jetzt her, wenn er eigentlich überhaupt nichts verdient und nur ständig Geld fürs Marketing ausgeben muss? Würde mich ja mal interessieren.
Wie dem auch sei, jetzt wird es Zeit für eine Checkliste. Ich liebe Checklisten, Sie werden es noch merken! Und ich muss dazu sagen: Ist doch schick! Sie sehen nämlich gleich, was noch zu tun ist. Oder wie gut Sie sind! Wäre doch toll! Legen Sie gleich mit der Beantwortung der Fragen los und haken Sie ab, was Sie schon erledigt haben:

- △ Ihre Firmen-Homepage ist eingerichtet.
- △ Es gibt einen Verantwortlichen, der die Homepage nicht nur aktuell hält und pflegt, sondern auch Neuerungen einstellt.
- △ Auf Ihrer Homepage gibt es einen Pressebereich, einen Downloadbereich und einen eindeutigen Ansprechpartner, an den man sich wenden kann (und/oder ein Kontaktformular).
- △ Sie haben einen Verantwortlichen, der sich um Anfragen an die info@mailadresse kümmert und sie auch zeitnah bearbeitet.
- △ Sie haben Produktbroschüren/Unternehmensbroschüre, Preislisten und Vorlagen für Angebote und Bestellungen.
- △ Sie können die Vorteile Ihrer Produkte klar benennen – im Vergleich zum Wettbewerb und allgemein.

- Sie wissen, wer Ihre Kunden sind und in welcher Branche Sie sie finden.
- Sie können in einem Satz sagen, was Ihr Unternehmen macht.
- Sie können in 30 Sekunden sagen, welche Produkte Ihr Unternehmen herstellt und was der Nutzen für Ihre Kunden ist.
- Sie kennen die Anforderungen Ihrer Kunden.
- Sie kennen die Entwicklung der Umgebung und der allgemeinen Lage in dem Bereich, in dem Ihr Unternehmen tätig ist.
- Ihr Produkt wird vom Markt nachgefragt und es gibt Absatzpotenzial.
- In der Presse wird regelmäßig (kleiner oder großer Zeitabstand) über Sie berichtet.
- Sie kennen Presse-Ansprechpartner namentlich und nicht nur »info@presse«.
- Sie nehmen regelmäßig an Wettbewerben (Design, Netzwerke, Unternehmensvergleiche, usw.) teil.
- Sie haben eine Firmenpräsentation.
- Ihre Firmenpräsentation wird auch verwendet.
- Ihre Firmenpräsentation spiegelt das Image Ihres Unternehmens wider.
- Ihre Marketingmittel wie Broschüren, Homepage, Give-aways usw. spiegeln das Image Ihres Unternehmens wider und sind aktuell.
- Sie haben Give-aways.
- Sie sind regelmäßig außerhalb Ihres Büros zu finden, das heißt auf Messen, Kongressen oder sonstigen Veranstaltungen, die zu Ihrem Unternehmen und zu Ihrem Budget passen. Und? Wie ist das Ergebnis? Wie viele Zutreffend-Häkchen konnten Sie machen? Ich würde das ja gerne live miterleben! Geht leider nicht, dann eben anders. Wenn Sie überall einen Haken machen konnten, dann beglückwünsche ich Sie! Sie haben alles gut im Griff und es läuft! Überblättern Sie die nachfolgenden Kapitel einfach …

Wenn nicht, dann ist das kein Beinbruch, sondern dann sollten Sie gerade hier ansetzen. Konzerne haben in der Regel viele Mitarbeiter, die sich um jeden einzelnen dieser Bereiche mit ganzen Heerscharen von Agenturen kümmern können. Diesen Vorteil hat nicht jeder, der Marketing macht. Das ist aber nicht erfolgsentscheidend, wenn Sie richtig vorgehen. Wenn Sie mit offenen Augen Ihr Unternehmen und sein Umfeld betrachten, dann werden Sie wissen, was Sie machen müssen. Und wenn nicht, dann einfach der Reihe nach – ich werfe Ihnen kein »muss ich Ihnen alles 100 Mal erklären? Ich wiederhole mich nicht!« in Chef-Manier vor den Latz.

Gehen wir der Reihe nach die einzelnen Punkte durch:

- Ihre Firmen-Homepage ist eingerichtet.
- Es gibt einen Verantwortlichen, der die Homepage nicht nur aktuell hält und pflegt, sondern der auch Neuerungen einstellt.
- Auf Ihrer Homepage gibt es einen Pressebereich, einen Downloadbereich und einen eindeutigen Ansprechpartner, an den man sich wenden kann (und/oder ein Kontaktformular).
- Sie haben einen Verantwortlichen, der sich um Anfragen an die info@mailadresse kümmert und sie auch zeitnah bearbeitet. Wenn Sie eine Firmenhomepage haben, dann sind Sie im grünen Bereich. Dies ist die Visitenkarte Ihres Unternehmens und wir betrachten sie genauer in einem späteren Kapitel. Meistens kommen die ersten Stolpersteine, nachdem die Seite angelegt ist. Sie wird oftmals stiefmütterlich behandelt und ist veraltet. Achten Sie darauf, dass es einen Verantwortlichen für die Inhalte der Seite gibt. Das sollte nicht einfach so nebenher ablaufen, sondern auch wirklich mit Nachdruck bearbeitet werden. Ihre Unternehmensseite soll zum Besuch online oder offline und zum Kauf Ihrer Produkte einladen. Hält Ihre Seite das Versprechen?

Einen Pressebereich brauchen Sie dann, wenn Sie Pressearbeit betreiben. Sonst würde ich Ihnen zum aktuellen Zeitpunkt davon abraten. Ein Ansprechpartner genügt in diesem Fall auch. Zum Thema Presse erfahren Sie später mehr. Ein Downloadbereich sollten Sie jedoch anbieten. Ihre Produktbroschüren oder sonstiges Informationsmaterial sollten zugänglich und zu jeder Tages- und Nachtzeit zum Download bereitstehen. Auch hier gilt die Aktualität: Ein uraltes Prospekt zu einer längst vergangenen Veranstaltung wird niemanden mehr interessieren. Legen Sie Ihr Augenmerk darauf und durchforsten Sie Ihre Homepage nach veralteten Informationen. Schmeißen Sie das alte Zeug raus und frischen Sie Ihre Seite mit neuen Informationen auf. In Ihren Social-Media-Aktivitäten werden Sie immer wieder auf Ihre Homepage verweisen und Links einfügen. Deshalb ist diese Arbeit wichtig und zählt zu den Fundamenten Ihrer Aktivitäten.

Laufen Ihre Anfragen an die info@mailadresse nicht ins Leere? Vielleicht sind Sie von den ganzen Spam-Nachrichten genervt, aber es könnte auch eine ernsthafte Anfrage darunter sein. Ein Interessent darf erwarten, dass er zeitnah auf seine Anfrage eine Antwort erhält. Das ist ein wichtiger Punkt, den Sie geregelt haben sollten.

- △ Sie haben Produktbroschüren/Unternehmensbroschüre, Preislisten und Vorlagen für Angebote und Bestellungen.

Jedes Unternehmen, ob groß oder klein, jeder Verein und jede Schule hat ihre Broschüre. Wer wir sind und was wir machen – so heißt es meistens. Genau das wollen Ihre Kunden und zukünftigen Kunden auch wissen! Was machen Sie denn so? Wofür steht Ihr Unternehmen? Trotz Papierflut-Zeiten nimmt man doch immer gerne wieder ein Prospekt mit. Es fühlt sich auch anders an, die Seiten in der Hand zu halten und hin und her zu blättern. Online geht das zwar auch, aber manchmal möchte man einfach das Prospekt zur Hand nehmen. Ich werde Ihnen nicht sagen müssen, dass Sie die im oberen Punkt aufgezählten Unterlagen brauchen. Stellen Sie sicher, dass Sie diese Dokumente online und offline zur Verfügung haben. Möglichst aktuell und ansprechend.

- △ Sie können die Vorteile Ihrer Produkte klar benennen – im Vergleich zum Wettbewerb und allgemein.
- △ Sie wissen, wer Ihre Kunden sind und in welcher Branche Sie sie finden.
- △ Sie können in einem Satz sagen, was Ihr Unternehmen macht.
- △ Sie können in 30 Sekunden sagen, welche Produkte Ihr Unternehmen herstellt und was der Nutzen für Ihre Kunden ist.

Jetzt kommen wir schon in schwierigere Gewässer. Eigentlich sollte die Beantwortung dieser Punkte leicht möglich sein und bei jedem Punkt ein klares Ja kommen. In der Realität ist es keine Schande, wenn Sie mit Nein geantwortet haben, denn diese Punkte sind oftmals unklar und wenn man genau hinschaut, werden viele Mitarbeiter nicht genau die Vorteile der Produkte benennen können, die sie selbst herstellen. Als Marketingverantwortlicher sollten Sie diese Punkte besonders beachten. Widmen Sie der Bearbeitung genügend Zeit und Aufmerksamkeit, denn Sie werden sehr oft darauf zurückkommen müssen. Warum sollte ein Kunde Ihr Produkt und Ihr Unternehmen wählen, wenn es ihm keinen Nutzen bringt? Vielleicht sehen Sie den Nutzen ganz klar für Ihren Kunden vor sich, aber kommunizieren Sie das auch so? Versteht Ihr Kunde, warum er ausgerechnet Ihr Produkt kaufen soll? Das sollten Sie ihm in 30 Sekunden klarmachen können, denn viel Zeit werden Sie in der Regel dafür online nicht erhalten. Social Media kämpft um Aufmerksamkeit und die Zeit der Nutzer. Der Kunde entscheidet darüber, wem er seine Zeit schenken möchte. Strapazieren Sie nicht seine Geduld, sondern kommen Sie schnell zum Punkt. Das können Sie nur, wenn Sie hier Ihre Hausaufgaben erledigt haben.

Wenn Sie hier nachbessern müssen, dann sehen Sie das als Chance, um Ihr Unternehmen deutlich zu präsentieren. Es können neue Erkenntnisse entstehen, die Ihnen neue Wege ermöglichen. Vielleicht hat Sie der Kunde einfach falsch verstanden und kauft deshalb woanders? Vielleicht hat er noch nicht erkannt, dass Ihr Unternehmen der bessere Problemlöser für ihn ist? In der Bearbeitung dieser Punkte liegt Potenzial für Ihr Unternehmen. Darauf bauen Sie Ihr Gerüst für den weiteren Erfolg.

- Sie kennen die Anforderungen Ihrer Kunden.
- Sie kennen die Entwicklung der Umgebung und der allgemeinen Lage in dem Bereich, in dem Ihr Unternehmen tätig ist.
- Ihr Produkt wird vom Markt nachgefragt und es gibt Absatzpotenzial.

Das ist das Handwerkszeug, das Sie zur Genüge kennen werden. Altes, konservatives, klassisches Marketing. Sie kennen Ihre Kunden, Konkurrenten, Absatzwege, Marktchancen und Marktrisiken. Für Sie als Marketingverantwortlicher nichts Neues. Halten Sie sich über die Entwicklungen und Neuerungen auf dem Laufenden und berücksichtigen Sie diese in Ihrer Unternehmens-, Vertriebs- und Marketingstrategie. Falls Sie das noch nicht tun, dann starten Sie am besten mit einer Marktanalyse. Wer sind Ihre Kunden und warum sollten sie Ihr Produkt kaufen? Wo finden Sie Ihre Kunden und auf welchen Wegen können Sie Ihre Produkte an sie verkaufen? Welcher Preis ist gerechtfertigt und wird voraussichtlich bezahlt werden? Wer ist Ihre Konkurrenz? Handelt es sich um ein Produkt, das bald vom Markt verschwinden wird – siehe Langspielplatte und Kassette. Oder gibt es neue Erfindungen, die Ihre Branche betreffen und Ihrem Produkt neue Möglichkeiten eröffnen? Diese Überlegungen sollten Sie machen und schriftlich festhalten. Schauen Sie – je nach Branche – halbjährlich oder jährlich darüber und bewerten Sie die Veränderungen für Ihr Unternehmen oder Ihren Bereich.

Kunden und deren Anforderungen zu kennen, hilft Ihnen bei Social Media weiter. Geben Sie Ihren Kunden die Informationen, die sie benötigen. Auf unterhaltsame Art und Weise und so, dass Sie im Gedächtnis bleiben. Wenn Sie wissen, wo Sie suchen müssen, dann wissen Sie auch, welche Kanäle Sie wählen müssen. Sitzen Ihre Kunden ausschließlich in Fernost, dann hilft Ihnen eine deutsche Facebook-Seite kaum weiter.

- △ In der Presse wird regelmäßig (kleiner oder großer Zeitabstand) über Sie berichtet.
- △ Sie kennen Presse-Ansprechpartner namentlich und nicht nur »info@presse«.
- △ Sie nehmen regelmäßig an Wettbewerben (Design, Netzwerke, Unternehmensvergleiche, usw.) teil.

Ist Ihr Unternehmen in der Öffentlichkeit präsent? Darauf zielen diese Fragen ab. Es ist wiederum keine Schande, wenn Sie das noch nicht sind. Dann wartet ein wunderbares Arbeitsfeld auf Sie, das Ihnen viel Erfolg bescheren kann. Dafür benötigen Sie Ausdauer und gute Vorarbeit. Viele kleinere Unternehmen scheuen vor der Pressearbeit zurück. Es gehört ein gewisses Können dazu, Pressetexte zu schreiben, aber es ist auch noch kein Meister vom Himmel gefallen. Handbücher können Ihnen helfen, eventuell vorhandene Schwächen zu beseitigen. Pressearbeit muss nicht am schmalen Geldbeutel scheitern. Wie Sie hier punkten können, werden wir in einem späteren Kapitel bearbeiten. Wettbewerbe können Ihnen ebenfalls Presse-Aufmerksamkeit schenken. In jedem Bereich werden Wettbewerbe angeboten – gerade auch für kleine und mittlere

Unternehmen. Die Internetseiten der Wirtschaftsministerien sind gute Adressen, ebenfalls Verbände und Forschungseinrichtungen. Stöbern Sie das Internet durch, welcher Wettbewerb zu Ihnen passen könnte. Beachten Sie jedoch, dass auch Kosten anfallen können – informieren Sie sich gut. Einen Wettbewerb zu gewinnen ist nicht immer mit der Auszahlung eines Geldbetrages verbunden. Im Gegenteil dazu fallen oftmals Kosten an, die man tragen können muss. Es gibt auch kostenlose Wettbewerbe, deren Gewinn ein Presseartikel oder ein Ausstellungsstand auf der betreffenden Veranstaltung ist. Das kann für Sie ein wichtiger Schritt sein, der zu mehr öffentlicher Aufmerksamkeit führt. Nutzen Sie diese Chancen und planen Sie genügend Zeit für die Vorbereitung ein.

- △ Sie haben eine Firmenpräsentation.
- △ Ihre Firmenpräsentation wird auch verwendet.
- △ Ihre Firmenpräsentation spiegelt das Image Ihres Unternehmens wider.

Wichtig ist, dass Sie eine Firmenpräsentation erstellt haben. Noch wichtiger ist, dass sie auch genutzt und vorgetragen wird. Am wichtigsten ist jedoch, dass sie nicht veraltet ist und das Image Ihres Unternehmens wiederspiegelt. Für denjenigen, der die Präsentation schlecht hält, können Sie nichts. Aber Sie können dafür sorgen, dass die Präsentation professionell und im Stil Ihres Unternehmens angefertigt ist. Unterziehen Sie Ihre Firmenpräsentation einem Check-up, so wie Sie Ihr Auto regelmäßig zum TÜV bringen. Ist alles in Ordnung? Dann grünes Licht und weiterfahren. Wenn nicht, dann bringen Sie Ihre Präsentation auf den Stand, bis sie wieder fahrtauglich ist. Vielleicht haben sich die Inhalte geändert oder das Bildmaterial ist veraltet. Sorgen Sie auch hier für eine knickfreie Visitenkarte Ihres Unternehmens – bildlich gesprochen.

- Ihre Marketingmittel wie Broschüren, Homepage, Give-aways usw. spiegeln das Image Ihres Unternehmens wieder und sind aktuell.
- Sie haben Give-aways.
- Sie sind regelmäßig außerhalb Ihres Büros zu finden, das heißt auf Messen, Kongressen oder sonstigen Veranstaltungen, die zu Ihrem Unternehmen und zu Ihrem Budget passen.

Hier geht es darum, wie Sie Interessenten und Kunden in Erinnerung bleiben können. Diese Dinge hängen in starkem Maße von Ihrem Budget ab. Aber ein geringes Budget schließt Sie nicht aus. Auf eine Messe können Sie als Aussteller oder als Besucher gehen. Beide Möglichkeiten können Ihnen Aufträge verschaffen. Give-aways gibt es in jeder preislichen Lage. Seien Sie kreativ. Es muss nicht das teure Handy sein, das Sie verlosen, oder der Lederkoffer mit Ihrem Aufdruck für Ihre Kunden – es kann auch eine kostenlose Veranstaltung für den Kindergarten um die Ecke sein, wobei jedes Kind ein leckeres Eis erhält. Das ist auch eine Form des Give-aways. Achten Sie jedoch darauf, dass Ihre »Erinnerungsmittel« wie Homepage, Broschüren, Give-aways, Veranstaltungen usw. zum Image Ihres Unternehmens passen. Vermeiden Sie alte Broschüren oder Give-aways, die noch auf Lager liegen und nur verschenkt werden, weil sie weg müssen. Sie müssen nicht unbedingt alles zu bieten haben, vielleicht ist weniger manchmal auch mehr. Nice-to-have ist nicht gleichbedeutend mit wichtig für Ihren Unternehmenserfolg. Legen Sie mehr Wert darauf, Kundenkontakt zu vermitteln und zu pflegen. Mit Aufträgen verdient Ihr Unternehmen Geld und nicht mit netten Give-aways.

Mein Chef kam mal wieder in mein Büro gestürmt: »Ich habe da eine groooßartige Idee! Wir brauchen Give-aways!« Bitte??? Mein Chef will grundlos Geld ausgeben? »Machen Sie kein großes

Drama, wir brauchen Give-aways. Nein, ich brauche Ihren Ideenvorschlag nicht und auch nicht Ihre Kataloge. Wir brauchen GUTE Vorschläge!« Jedenfalls hatte er sich in den Kopf gesetzt, dass wir Ledermappen – wohlgemerkt echtes Leder – brauchen. Ob er wohl weiß, dass das nicht billig wird? Ich habe ihm dann eine Aufstellung mit Ledermappen mit und ohne Taschenrechner, mit und ohne Einschubfächer und von der billigsten Sorte zusammengestellt. Meine saubere Aufstellung wischte er mit einem »Papperlapapp, machen Sie sich nicht lächerlich. Wir sind doch nicht Hänschen Huber, der sich keine guten Give-aways leisten kann!« beiseite. Dann zeigte er mir freudestrahlend die Ledermappe, die er meinte. Besagte war auf einem Foto mit seinem Geschäftsfreund zu sehen. Das eingeprägte Designerlogo war deutlich zu sehen – kein Billigzeugs. Als ich den vermutlich höheren Preis ansprach, hat er sich freundlicherweise angeboten, ein Exemplar auf Geschäftskosten zu testen. Wenn er das Exemplar dann für gut befinden würde, könnten wir das für die Allgemeinheit bestellen. Ich wusste es! Ich muss nicht erwähnen, dass die Allgemeinheit nicht in den Genuss der schönen Ledermappen kam, der Chef jetzt aber bei seinen Geschäftskumpanen mithalten konnte – auf Geschäftskosten, versteht sich …

LEGEN SIE DEN GRUNDSTEIN FÜR CROSSOVER-MARKETING

Haben Sie für Ihr Unternehmen Handlungsbedarfe identifiziert? *Crossover-Marketing* lebt davon, dass Sie bereichsübergreifend und strategisch denken. Um die Vorteile von anderen Bereichen in Ihre Marketingaktivitäten zu integrieren, müssen Sie wissen, wo Sie stehen. Dazu dienten die Fragen im vorigen Kapitel. Diese Hinweise helfen Ihnen dabei, das Fundament zu legen, auf dem Sie aufbauen können. Wenn Ihnen diese Frage als zu simpel erscheinen, dann haben Sie schon eine gute Basis. Überprüfen Sie dann laufend, ob die Dokumente, Unterlagen und Marketingmaßnahmen noch der aktuellen Situation entsprechen oder ob Anpassungen notwendig sind. Sollten Sie noch Nachbesserungen benötigen, dann nutzen Sie Ihre Chancen. Es könnte durchaus sein, dass Sie Ihr Unternehmen von einer weiteren Seite kennenlernen, die Sie so noch nicht gekannt haben. Vielleicht finden Sie Möglichkeiten, sich noch besser zu positionieren oder Ihre Produkte an weitere Zielgruppen zu vermarkten.

Je kleiner das Unternehmen ist, umso mehr Wissen ist in den Köpfen. Wissen, das nicht auf Papier festgehalten ist. Je größer ein Unternehmen wird, umso mehr Gefahren liegen darin verborgen. Denn nun muss das Wissen auf mehr Köpfe verteilt werden, damit das Unternehmen handlungsfähig bleibt. Einer alleine kann nicht mehr alles Erforderliche bewältigen, dafür gibt es dann zusätzliche Mitarbeiter. Wenn Sie als Marketingverantwortlicher nicht noch nebenher Geschäftsführer, Techniker, Therapeut oder sonstige Tätigkeiten abdecken müssen, dann werden Sie wissen, wovon ich rede. Sie sind dann auf Informationen angewiesen, die Sie von anderen erhalten. Ein neues Produkt, zu dem Sie eine Broschüre erstellen sollen, benötigt Fachwissen zu diesem

Produkt. Das wird Ihnen ein Verantwortlicher zuspielen müssen. Es liegt an Ihnen, das Potenzial für den Kunden so darzustellen, dass daraus ein Verkaufsschlager wird. Deshalb ist es umso wichtiger, dass Sie Ihr Unternehmen kennen. Vielleicht ist das Besondere nicht das Produkt an sich, sondern die Art der Herstellung, die Ihr Unternehmen von anderen unterscheidet. Dann lohnt sich ein Blick in die Produktion oder Entwicklung. Vielleicht unterscheidet sich Ihr Produkt nicht wirklich von anderen, dann ist der Kundenkontakt entscheidend. Das erfordert zielgerichtete Maßnahmen und Kontaktpflege.

Sollten Sie Handlungsbedarf entdeckt haben, dann schwächt Sie das nicht in Ihrer Funktion als Marketingverantwortlicher. Im Gegenteil ist es Ihnen anzurechnen, dass Sie sich darum bemühen, Ihrem Unternehmen zu Erfolg zu verhelfen. Dann nehmen Sie Ihren Job ernst und schauen auch nach links und rechts. Das macht Sie zu einem Unternehmer in Ihrem Bereich. *Crossover-Marketing* trägt zu Ihrem Erfolg bei, wenn Sie Ihre Arbeit mit Nachdruck, Gewissenhaftigkeit und Kreativität erledigen. Und wichtig: den Spaß und die Motivation dabei erhalten. Manchmal dauert es eine Weile, bis sich der erste Erfolg einstellt. Aber Sie werden aus Erfahrung wissen: Sobald diese Hürde genommen ist, kommt ein kleiner Erfolg nach dem anderen hinzu. Viele kleine Erfolge führen zu einem größeren Erfolg und so weiter. Ich möchte Ihnen ans Herz legen, dass Sie nicht nachlassen, wenn sich der erste größere Erfolg einstellt. Dann gilt umso mehr: weiterarbeiten, weiterarbeiten und nochmals weiterarbeiten. Von nichts kommt nichts, wie mein Chef immer sagt. Manchmal hat er ja auch recht …

Bevor wir uns nun den Social-Media-Bereichen im Einzelnen zuwenden, sollten Sie die Basis für Ihren Erfolg legen. Im Folgenden werden Sie den klassischen Marketingspuren nachgehen, die als selbstverständlich gelten, aber trotzdem wichtig sind. Gerade die selbstverständlichen Dinge des Lebens werden oftmals so nebenher erledigt, weil sie nichts Besonderes sind. Zumindest erscheinen sie manchmal so – aber das könnte ein Trugschluss sein!

Sie kennen Ihre Kunden! Wirklich?

Die Henne oder das Ei? Was war zuerst da? Der Kundenwunsch oder die Erfindung, die ein Kundenproblem löst? Alles beginnt und endet wieder beim Kunden – ein Kreislauf. Nutzen Sie jede Möglichkeit, um Ihre Kunden kennenzulernen! Wer weiß, wie seine Kunden ticken, der weiß auch, wie er ihnen bestmöglich begegnen kann. Das ist so ähnlich wie bei meinem Chef. Montagmorgens heißt es immer: Vorsicht! Wenn seine Schritte über den Flur hallen, dann weiß schon jeder: Sofort in Deckung! Am besten hinter dem Bildschirm verkriechen, sich nicht auf dem Flur blicken lassen und möglichst keine Fragen stellen. Blöd für den, der gerade am Kaffeeautomaten steht, wenn der Chef sich einen Kaffee ziehen will. Sofort die Flucht ergreifen, den halben Kaffee in der Tasse stehen lassen oder ihn möglichst dem Chef in die Hand drücken und nichts wie weg! Eigentlich hat der Chef ja seinen eigenen Kaffeeautomaten in schönster Chromoptik in seinem Vorzimmer stehen. Aber das ist so eine Art Heiligtum für ihn. Sollte das Chrom Wasserflecken abbekommen, dann ist eine Woche lang schlechte Stimmung angesagt. Deshalb macht seine Sekretärin diesen Automaten so gut wie nie mehr an und manchmal holt sich der Chef seinen Kaffee selbst. Das ist immer ein äußerst schlechtes Zeichen. Moment, Chef kommt, muss schnell in Deckung …

Gehen Sie doch mal mit einem Verkäufer zum Kunden! Erleben Sie live vor Ort, was abgeht! So sehen Sie Verbesserungsmöglichkeiten und Anforderungen, die Sie im Marketing umsetzen können und müssen. Wenn Ihre Kunden nur Broschüren mit Bildern möchten, dann sollten Sie auf eine hervorragende Broschüre mit ansprechenden Bildern zurückgreifen können. Wenn Ihre Kunden keinen Papierkram haben möchten, sondern lieber ein persönliches

Gespräch mit dem Verkäufer wollen, dann sollten Sie eine gute Präsentation zur Verfügung stellen.

Kennen Sie die Anforderungen Ihrer Kunden? Wissen Sie, in welchem Bereich Ihre Kunden zu finden sind? Ist es die Hausfrau mit zwei Kindern, die in kurzer Zeit ein Essen kochen muss, und Sie haben das passende Convenience-Gericht, oder ist es der Handwerker, der genau den Dübel braucht, den Sie verkaufen? Oder ist es ein Automobilhersteller, der zahllose Ansprechpartner hat, und Sie wissen gar nicht genau, mit wem Sie es dieses Mal zu tun haben?

Machen Sie Ihre Hausaufgaben in diesem Bereich sehr, sehr gut! Sie müssen Ihre Kunden kennen und wissen, wo der Schuh drückt! Wenn Sie mit Ihrem Produkt darauf besser antworten können als die anderen Unternehmen, dann haben Sie die Grundlage für *Crossover-Marketing* gelegt!

Mein Chef erzählt mit Vorliebe die Geschichte von seinem persönlichen Erfolgserlebnis: sein unternehmerischer Durchbruch. Er hatte eine gute Idee für ein super Produkt, nur kam er nicht an die Kunden ran. Die wimmelten ihn immer wieder ab. Mit null Geld in der Tasche – das hat sich bis heute nicht geändert, wenn man seinen Worten Glauben schenken darf – hat er sich auf den Weg zur größten Messe seiner Branche aufgemacht. Teure Messe, viele Besucher, ausgebuchte Hotels und kein einziges freies Zimmer. Dann hat er seine letzten Kröten zusammengekratzt, sich in das teuerste Hotel eingemietet und saß dort den ganzen Abend an der Bar. Nach und nach kamen die ganzen Firmengrößen eingetrudelt und tranken dort ihr Bierchen nach Messefeierabend. Dank Bierseligkeit lösten sich die Zungen und man kam so nach und nach ins Gespräch. Jetzt konnte der Chef direkt bei den anderen Firmenchefs seine Ideen präsentieren und kam mit einem vollen Auftragsbeutel nach Hause. Die Hotelkosten hätten ihm fast das Genick gebrochen, aber es hatte sich gelohnt. Das war der Beginn seiner Karriere.

Messen eignen sich hervorragend für Kundenkontakte – das muss ich Ihnen als Marketingverantwortlichem natürlich nicht sagen. Alter Hut! Wenn Sie nicht selbst als Messeaussteller unterwegs sind, dann gehen Sie doch auf die für Ihr Unternehmen relevanten Messen als Besucher. Für den Chef: Wir müssen wissen, was unsere Kunden wollen! Wir müssen wissen, was unsere Wettbewerber machen! Da haben wir die Chance, alle auf einmal zu erwischen – dazu brauchen wir sonst Monate mit der Recherche! Ihr Chef wird Sie umso mehr lieben! Und wenn mal wieder Geld gespart ist, dann wird das der Chef gerne hören wollen … Bringen Sie ihm einen Stapel von Broschüren mit, die Sie demonstrativ auf Ihren Schreibtisch legen und immer mal wieder eifrig durchblättern – Sie sind ja so beschäftigt und kümmern sich intensiv um Kunde und Wettbewerber! Gut für die nächste Leistungsbeurteilung!

Oder gehen Sie auf denjenigen zu, der Kundenkontakt hat, und bitten Sie ihn, mal »direkt an die Vertriebsfront« mitgehen zu dürfen. Sollte der Chef was dagegen haben, dann nehmen Sie ihn an die Hand und erzählen Sie ihm von der Wichtigkeit der Marktforschung. Direkte Kundenbefragung! Ohne den Kunden zu sehr zu bedrängen natürlich! Ganz nebenbei im persönlichen Gespräch. Der Chef wird happy sein, dass Sie sich so toll um die Kunden kümmern. Und Ihrem Vertriebskollegen können Sie dabei mal auf die Finger schauen – aber nicht zu offensichtlich, das mag ja keiner gern …

Interessant sind auch Telefonate mit den Kunden nach einer Messe oder einfach so mal zwischendurch. Das sollten Sie aber intern abstimmen. Nicht dass Sie damit jemandem auf die Füße treten uns Sie haben es eigentlich gut gemeint. Als ich das erste Mal nach langer Zeit wieder Kunden nach einer Messe durchtelefonieren sollte, war ich richtig nervös. Jeder kennt das ja, die Telefonate von Leuten, die einem was verkaufen wollen, obwohl doch gerade überhaupt keine Zeit ist. Nervt! Und das soll ich jetzt selber machen? Klar kenne ich mich aus mit den Produkten, aber was soll ich denn sagen? Ja, WAS soll ich denn SAGEN? Zuerst habe ich mir eine Liste (ich liebe Listen) gemacht, wie mein Einstieg sein kann. Freundlich, ohne zu nerven. Kurze Erklärung, wer und von welcher Firma ich bin. Ein kurzer Hinweis auf einen speziellen Eyecatcher bei unserem Messestand half erheblich weiter. Dann die Frage, ob der Ansprechpartner noch weiteres Infomaterial möchte oder ob wir was für ihn tun können. Wenn nicht, dann ob wir uns in drei Monaten noch mal melden können. Am besten noch mit News – damit, was es Neues gibt. So, Liste fertig. Hände schweißnass. Telefonhörer in die Hand und los geht's!

Mist, der erste Kunde war schon gar nicht mehr in der Firma. Der zweite war in einer Besprechung und ganz mies gelaunt. Ich habe mich höflich entschuldigt und gesagt, dass ich mich gerne ein anderes Mal wieder melde. Recht bissig meinte der Gesprächspartner, dass ich das machen soll. Ich dachte zuerst, das bringt doch nichts. Interesse ist etwas anderes. Ich habe dann doch noch einmal angerufen und es hat sich ein sehr freundliches Gespräch entwickelt. Das hätte ich ja nie gedacht nach diesem ersten missglückten Start. Aus dem Gespräch hat sich dann eine konkrete Anfrage ergeben. So kann es auch mal gehen!

Die anderen Telefonate waren wirklich sehr freundlich! Es machte mir richtig viel Spaß und ich hätte noch stundenlang weitertelefonieren können. Innerhalb dieser kurzen Aktion hatte ich mit einer Menge von Leuten gesprochen und sehr viel über die Kunden und die Branche erfahren. Zwischen den Zeilen konnte ich heraushören, ob denn wirkliches Interesse bestand oder was bei unseren Produkten nicht zielführend für die Kunden war. Wertvolle Erkenntnisse, die ich gerne weitergeleitet habe. Das floss in die Produktentwicklung mit ein und auch in die weiteren Überlegungen, wie man den Nutzen unserer Produkte besser erklären kann. Denn hier hatten wir eindeutig Schwachstellen. Der Kunde hat oft einfach nicht verstanden, was wir genau machen! Und so wirklich erklärt hatten wir das mit unseren Broschüren und der Homepage auch nicht. Wir hätten nicht so schnell herausgefunden, warum unsere guten Produkte nicht verkauft werden, wenn uns der Kunde das nicht zurückgespiegelt hätte. Von alleine wäre der Kunde nicht auf uns zugekommen, um uns das zu sagen. Kundengespräche lohnen sich! Das ist keine vergeudete Zeit, wenn sie das als wertvollen Weg sehen, um Ihre Kundenbeziehung zu analysieren.

Sollten Sie glücklicherweise bis zum Kunden vordringen, egal ob auf der Messe, am Telefon oder sonst wo, bereiten Sie sich gut auf diesen Kontakt vor. Ein Treffen ohne Vorbereitung und ohne Ziel ist für beide Seiten Zeitverschwendung. Überlegen Sie sich im Vorfeld, ob Sie den Kunden und sein Umfeld besser kennenlernen wollen oder ob Sie konkrete Anliegen haben. Wenn Sie wissen wollen, wo der Schuh drückt, bereiten Sie Fragen vor. Stellen Sie die Fragen jedoch nicht im schulmäßigen Abfragestil, sondern lassen Sie sie ins Gespräch einfließen. Haben Sie Spaß am Gespräch und seien Sie ein unterhaltsamer Gesprächspartner. Dann wird auch etwas zurückkommen.

Kundengespräche sind keine Einbahnstraße. Halten Sie sich vor Augen, dass Ihr Gegenüber auch wissen möchte, mit wem er es zu tun hat. Sie sollten Antworten geben können, wenn der Kunde nach den Vorteilen Ihres Unternehmens und Ihrer Produkte fragt. Dazu brauchen Sie in erster Linie keine Broschüren oder sonstigen Unterlagen – es ist gut, auch das dabeizuhaben –, Sie sollten das in Ihren eigenen Worten erklären können. Das ist authentisch und klingt nicht auswendig gelernt. Wenn Sie selbst von Ihrem Unternehmen und Ihren Produkten begeistert sind, dann überträgt sich das auf den Kunden.

Vielleicht ergibt sich für Sie einfach nicht die Chance, direkten Kundenkontakt herzustellen. Das sollte Sie nicht davon abhalten, trotzdem mehr über Ihr Zielpublikum zu erfahren. Wozu gibt es Internet? Geben Sie Schlagworte ein, die zu Ihrem Produkt passen, und durchstöbern Sie Foren. Worüber wird am meisten geschimpft und welches Problem löst ein Konkurrent nicht, das Sie lösen? Das Internet ist voll von Informationen, die Sie betreffen könnten. Was sagt die Fachpresse über den Bereich, in dem Ihr Unternehmen aktiv ist? Gibt es hier gravierende Änderungen, Gesetzesentwürfe oder technologische Entwicklungen? Fördert beispielsweise ein Wirtschaftsministerium Aktivitäten, die in Ihrem Unternehmensspektrum liegen? Dann schauen Sie genau hin, und vielleicht erhalten Sie über Vereine, Verbände und staatliche Einrichtungen den Kundenkontakt, der Ihnen zum Erfolg verhilft. Halten Sie die Augen offen und nutzen Sie die Möglichkeiten, die Ihnen Ihre Firmengröße bietet.

Der Kunde sollte immer im Mittelpunkt stehen. Das ist in vielen Unternehmensleitbildern verankert. Ob das auch so gelebt wird, ist eine andere Frage. »Oh nein, nicht der schon wieder!« sollte keine Einstellung sein, die Ihre Kundenbeziehung beschreibt. Lernen Sie Ihre Kunden wirklich kennen, damit Sie die Chance haben, sich und Ihre Marketingaktivitäten darauf auszurichten. Verbinden Sie die Vorteile für den Kunden mit Ihren Marketingaktivitäten, dann sind Sie auf einem guten Weg.

Umsetzung – suchen Sie Kundenkontakt:

- Gehen Sie auf Messen, die Ihre Branche betreffen.
- Gehen Sie auf Veranstaltungen, die Themen Ihrer Kunden betreffen.
- Besuchen Sie Veranstaltungen Ihrer Kunden.

- Sprechen Sie mit den Vertriebsmitarbeitern, die Kundenkontakt haben.
- Informieren Sie sich online über Trends, Themen und Aktuelles, was Ihre Kunden betrifft.
- Nutzen Sie Stammtischgespräche, um mehr über Ihre Kunden zu erfahren. Vertriebsmitarbeiter haben hier eine Menge unterhaltsamer Gespräche, die sie immer wieder gerne zum Besten geben.

Was macht Ihre Firma? In 30 Sekunden – und ... los!

Machen Sie sich doch mal den Spaß und schauen Sie auf die Uhr. Sagen Sie in 30 Sekunden, was Ihre Firma macht. Los geht's!

So, haben Sie auch ganz viele Worte verwendet, die in Ihrer Branche üblich sind? Haben Sie »innovativ«, »effektiv«, »Lösung«, »wirtschaftlich«, »ganzheitlich« und noch weitere Fachbegriffe verwendet? Oder hat Ihnen die Zeit nicht gereicht? Oder standen Sie erst mal auf dem Schlauch und mussten überlegen, was denn Ihre Firma eigentlich so macht, was man auch erzählen kann? Dann kann ich Ihnen eins sagen: Lassen Sie uns an die Arbeit gehen!

Vermutlich wird es Ihnen leichtfallen, Fachbegriffe zu verwenden, um das Tätigkeitsfeld Ihres Unternehmens zu beschreiben. Aber versteht das auch die Oma von nebenan? Oder das Kind um die Ecke? Oder der Entscheider, der es in der Hand hat, eine Unterschrift unter den Kaufvertrag zu setzen? Vielleicht ist das genau derjenige, der mit solchen Fachbegriffen nichts anfangen kann, obwohl er das niemals zugeben würde! Vielleicht lehnt er einen Auftrag an Sie aus genau diesem Grund ab: weil er nichts verstanden hat und den Mehrwert Ihres Produkts nicht erkennt. Oder haben Sie Ihren Chef schon mal sagen hören: »Ich habe das jetzt noch nicht verstanden. Erklären Sie es mir bitte noch mal«? Da habe ich eher in den Ohren: »Lassen Sie mich mit dem Sch... in Ruhe! Ich habe keine Zeit für diese Kinkerlitzchen. Beschäftigen Sie sich mal mit den Dingen, die zu Ihrer Arbeit gehören! Wann habe ich von Ihnen endlich die Aufstellung zur Marketingstrategie?« Und am liebsten wollen Sie Ihren Chef mal einfach durchschütteln und ihm sagen: »Kapiere es doch endlich!!!!« Und nachher ruft er seine Frau an und fragt sie, ob sie schon mal von dem Thema gehört hat, oder sie hören ihn mit Nachdruck auf der Tastatur herum hämmern, weil er mal googeln muss …

Es hängt so viel davon ab, dass Sie genau das, was Ihre Firma ausmacht, in 30 Sekunden sagen können. 30 Sekunden können lang sein, wenn man nicht weiß, was man sagen soll. Sie können auch sehr, sehr kurz sein, wenn man von einem ins Nächste kommt und dann auch noch den Vorteil und diese Funktion erklären will. In der Kürze liegt bekanntlich die Würze. In 30 Minuten etwas ausführlich und von allen Seiten zu erklären, ist keine Kunst. 30 Sekunden ist die Herausforderung! Nicht auswendig gelernt, sondern so, wie es Ihrem Sprachgebrauch entspricht. »Elevator pitch« sagen Sie jetzt. Ja, genau, Sie kennen die Fachbegriffe! Die These, dass Sie Ihr Gegenüber in diesen 30 Sekunden im Fahrstuhl von Ihrer Idee oder Ihrem Unternehmen überzeugen können. Das steckt dahinter – nur dass in diesem Beispiel das Gegenüber nicht weglaufen kann oder den Hörer auflegen, oder die Mail einfach löschen … »Labern Sie mich nicht voll!« darf er nicht sagen. Es muss interessant, glaubwürdig, seriös sein und einen Mehrwert bieten. Ihr Kunde muss Antworten auf diese Fragen erhalten:

- Wie heißt Ihr Unternehmen?
- In welcher Branche arbeitet Ihr Unternehmen?
- Was stellen Sie her, welche Art der Dienstleistung bietet Ihr Unternehmen an?
- Welchen Nutzen hat Ihr Kunde davon, wenn er Ihre Produkte/Leistungen in Anspruch nimmt?
- Was macht Sie gegenüber anderen Unternehmen einzigartig?

Eigentlich sehr logische Fragen, aber manchmal hat es die Antwort in sich! Denn Sie sollten darauf achten, dass Sie Fachjargon vermeiden! Die Beantwortung dieser Fragen läuft nicht so einfach nebenbei. Denn Sie müssen den **Kern Ihrer unternehmerischen**

Leistung aufzeigen. Und Sie müssen beantworten, warum genau das der Kunde braucht – also welchen Mehrwert er davon hat. Spart er Geld, Zeit, ist es eine Form von Luxus? Ist es eine Notwendigkeit? Haben andere Unternehmen genau die gleichen Leistungen? Dann müssen Sie erklären, warum der Kunde genau bei Ihnen richtig ist und nicht bei den anderen. Arbeiten Sie Ihre Alleinstellung heraus. Überlegen Sie, welche rationalen und welche emotionalen Gründe für Ihr Unternehmen und Ihre Produkte sprechen. Klassisches, altes, konservatives Marketing, wie Sie es gelernt haben. Es wird Sie nicht loslassen …

Wenn Sie diese Fragen aufwerfen, dann begeben Sie sich als Marketingverantwortlicher in die Gefahr, dass man an Ihren Fähigkeiten zweifelt. »Das müssten Sie doch wissen! Sie sind schließlich für das Marketing zuständig! Genau deshalb haben wir Sie doch eingestellt!« Ja, eigentlich müssten Sie wissen, wofür Ihr Unternehmen und Ihre Produkte stehen, aber hat sich jemand mit Ihnen intensiv über diese Fragen auseinander gesetzt? Jemand, der die Produkte kennt oder entwickelt hat? Jemand, der weiß, wie Ihr Unternehmen entstanden ist und wie es seine Erfolge oder Misserfolge erreicht und überstanden hat? Diese Sichtweisen werden Ihnen weiterhelfen und zu Erkenntnissen verhelfen, wie Sie Ihr Unternehmen noch besser darstellen können. Immer wieder habe ich erlebt, dass genau hier die Schwachstelle liegt. Scheuen Sie sich nicht davor, diese Fragen aufzuwerfen. Die Antworten werden Sie voranbringen! Zeigen Sie die Einzigartigkeit Ihres Unternehmens und Ihrer Produkte gezielt auf!

Genau hier legen viele Kunden zu Recht den Finger auf die Wunde und wollen es genauer wissen: Warum sollte ich meine Zeit und mein Geld für Sie verschwenden? Halten Sie Antworten bereit! Wenn Sie klarmachen können, dass das keine Verschwendung, sondern eine Notwendigkeit für Ihren Kunden ist, genau Sie und Ihr Unternehmen zu wählen, dann haben Sie die richtige Ebene erwischt. Vielleicht kostet es bei anderen Firmen weniger und ist genau das gleiche Produkt? Aber warum zahlen wir für ein prickelndes alkoholisches Getränk zu Feierlichkeiten das zehn- bis 20-Fache, nur weil es »Champagner« heißt? Es gibt einen Grund dafür! Und da hat das Marketing einiges dazu beigetragen! Da fällt mir ein, dass ich doch mal eine Wette mit dem Chef gewonnen hatte. Zwei Flaschen Sekt – Champagner ist ihm zu teuer, zumindest für seine Angestellten, in seinem Keller sieht es ganz anders aus – standen als Wetteinsatz. Ich habe sie bis heute nicht bekommen. Ich muss mal gleich noch ein Wörtchen mit ihm reden!

Also wirklich, manchmal hat der Chef echt ein Gedächtnis wie ein Sieb! Aber nur, wenn es ihm gerade in den Kram passt. So wie beim Sekt. Wird wohl bis zum Sankt-Nimmerleins-Tag dauern, bis er seine Wettschuld einlöst! Dafür kann er sich an die Unterlagen erinnern, die ich nicht pünktlich geliefert habe. Manchmal bringt der Sachen auf den Tisch, mit Punkt und Komma! So was!

Schön ist ja auch, dass es ein großer Meilenstein ist, wenn Sie den Kern Ihres Unternehmens in 30 Sekunden erläutern können. Wenn Sie diesen Schritt absolviert haben, dann müssen Sie dafür sorgen, dass sich das durch das ganze Unternehmen zieht. Sie werden hierzu die Geschäftsleitung benötigen. Dieser Satz muss dort abgesegnet sein, denn damit werden Sie nach außen hin auftreten. Dieser Satz wird Ihr Unternehmen repräsentieren. Der Vertrieb sollte also darüber Bescheid wissen (gerne mal eine Schulung ansetzen) und auf der Homepage und in Broschüren sollte das ebenfalls auftauchen. Eigentlich überall da, wo Sie nach außen hin kommunizieren. Eine klare Linie, die sich durchzieht. Dann haben Sie noch die schöne Aufgabe, Ihren Chef zu briefen. Er sollte das auch so kommunizieren können. Wenn der Satz kurz und bündig ist, dann bietet sich der Aufdruck für viele Marketingmittel an.

»Jeder muss diesen Satz können! Auswendig und wenn ich ihn nachts aus dem Bett klingle!«, so der Chef. Er hat das ja tatsächlich mal versuchen – wollen. Ist aber dann eingeschlafen und hat den Wecker um zwei Uhr nachts wohl überhört. Übrigens hat es bei ihm hat selbst noch drei Monate gedauert, bis er diesen Satz tatsächlich auswendig sagen konnte … Ich hatte diesen Satz selbst so oft gesehen, dass er mir nachts in den Träumen erschien. Und als wir eine Vertriebsschulung angesetzt hatten, in der es genau darum ging, hatte ein Spaßvogel die Idee, mich abzufragen. Tja, kein Problem. Wie war das noch mal??? Okay, sollte nicht passieren. Muss das gleich noch mal verinnerlichen.

Auf Messen, Konferenzen und bei anderen Treffen, wenn Sie sich und Ihr Unternehmen kurz darstellen sollen, ist solch ein Satz sehr hilfreich. Da haben Sie nur kurz Zeit, die Frage zu beantworten, was Sie so machen und in welchem Feld Sie aktiv sind. Wenn Sie dann von A bis Z alles haarklein erläutern, ist Ihr Gesprächspartner nicht amüsiert, denn er will noch viele andere Unternehmen oder Gesprächspartner kennenlernen. Wenn dieser Satz Interesse hervorgerufen hat, dann entwickelt sich meistens schnell ein tiefer greifendes Gespräch. Dieser Satz dient dazu, dass Ihr Gegenüber Ihr Unternehmen einordnen kann. So kann der Kunde binnen kürzester Zeit entscheiden, ob er den Kontakt zu Ihnen aufnehmen möchte oder ob er dafür momentan keine Verwendung hat. Dann sparen Sie sich unnötige Zeit und Ihrem Gegenüber auch. Kein Herumgedruckse, keine langwierigen Erklärungen, sondern ZACK auf den Punkt! Die Besucher unserer Messe haben es uns gedankt und sich gleich noch mehr für unsere Produkte interessiert. Resümee: mehr Kontakte und mehr Interessenten und schnellere Abschlüsse nach dieser Arbeit und dieser Messe.

Es kann sein, dass Ihnen die Erarbeitung eines Satzes, der Ihr Unternehmen oder Ihr Tätigkeitsfeld beschreibt, Probleme bereiten wird. Wenn Sie die finanziellen Mittel haben, nutzen Sie die Erfahrung von Kommunikationsagenturen. Die kennen sich damit aus. Allerdings ist das tatsächlich eine Frage des Budgets. Da kommen schnell ein paar Euro zusammen, die sich nicht jedes Unternehmen leisten kann. Dann sind Sie aber nicht außen vor! Schauen Sie sich im Internet um, wie große oder bekannte Unternehmen Ihre Tätigkeiten beschreiben. Das müsste im Normalfall auf der ersten Seite der Homepage zu finden sein. Manchmal ist es auch im Menüpunkt »Unternehmen« oder »Über uns« oder »Wer wir sind« und wie sie alle heißen. Der erste oder zweite Satz beschreibt meistens das Tätigkeitsfeld. Das kostet Sie nur Recherchezeit und gibt Ihnen vielleicht genau den Hinweis, den Sie brauchen. Aber bitte nicht kopieren, das wird teuer!

Ich will Ihnen lieber nicht die Geschichte erzählen, als mein Chef mal wieder mit einer glorreichen Idee in mein Büro kam! Er hat sich einen großartigen Slogan für unser neuestes Produkt einfallen lassen. Wow, der Chef kümmert sich um meine Arbeit! Ein langer Moment des Wartens, was denn jetzt kommt (er hatte in einem Rhetorik-Buch gelernt, dass eine Pause Spannung erzeugt). Nach geschlagenen zwei Minuten (ich habe auf die Uhr geschaut – persönliche Bestleistung!!) rückte er dann mit der Sprache raus. Superslogan, Wahnsinn! Und das vom Chef! Moment mal, der Slogan war so griffig, der kommt mir doch irgendwie bekannt vor. Irgendwas war anders, aber es erinnert mich stark an einen Slogan von einem schwedischen Möbelhaus mit vier Buchstaben …

Wenn Sie einen Satz oder Slogan definieren, dann ist manchmal weniger mehr. Verlieren Sie sich nicht in den Details, sondern arbeiten Sie die wichtigsten Punkte heraus. Es hilft Ihrem Gegenüber nicht weiter, wenn Sie zwar innerhalb von 30 Sekunden erklären können, was Ihr Unternehmen anstellt, Sie dafür aber einen einzigen Satz mit vielen Nebensätzen und Schachtelsätzen verwenden.

Das sollte locker und flockig, aber seriös daherkommen. Beißen Sie sich auch nicht an den 30 Sekunden fest. Wenn Sie ein paar Sekunden mehr brauchen, dann ist das so. Nur nicht länger als eine Minute!

Umsetzung – sorgen Sie dafür:

- Erarbeiten Sie einen Satz, der Ihr Unternehmen beschreibt.
- Wenn Sie Schwierigkeiten haben, diesen Satz zu finden, holen Sie sich Rat.
- Der Leitsatz muss von Ihrer Unternehmensleitung abgesegnet sein.
- Vermeiden Sie Fachwörter und sprechen Sie allgemein verständlich.
- Kein verschachtelter Satz, der über 20 Zeilen geht!
- Sorgen Sie dafür, dass jeder in Ihrem Unternehmen diesen Satz kennt.
- Sorgen Sie dafür, dass Ihre Broschüren, Ihre Homepage und Ihre sonstigen Kommunikationsmittel diesen Satz beinhalten.
- Verbreiten Sie diesen Satz in der Öffentlichkeit.
- Sorgen Sie dafür, dass Ihre Kunden wissen, wofür Sie stehen.

Die Königsfrage: Welchen Nutzen hat Ihr Produkt?

Ich kann Ihnen gleich eines vorneweg sagen: Dieser Punkt macht mich wahnsinnig! Eigentlich müsste es doch total leicht sein, diese Frage zu beantworten. Warum wurde das Produkt entwickelt? Warum verkauft unser Unternehmen dieses Produkt? Nur aus Spaß an der Freude? Oder weil es dem Kunden nützt? Ich weiß nicht, wie es bei Ihnen ist. Ich habe einen kaufmännischen Hintergrund, also Betriebswirtschaft studiert. Über ein gewisses technisches Verständnis verfüge ich auch. Ganz nebenbei, ich kann IKEA-Regale in kürzester Zeit aufbauen, ohne meine Ehe zu gefährden! Aber das ist jedem Ingenieur und Techniker total egal. Kennen Sie die ausdruckslosen Augen, wenn Sie einen Ingenieur nach dem Nutzen seines Produkts für den Kunden fragen? Und haben Sie es schon einmal gewagt nachzufragen, wenn die Antwort nur aus einer Aufzählung von technischen Details bestand? Falls Sie selbst einen technischen Hintergrund haben, entschuldige ich mich in aller Form bei Ihnen. Sie sind sicherlich ein sehr kommunikativer Mensch und bedienen dieses Klischee sicherlich nicht.

Mit der Frage nach dem NUTZEN können Sie Ihre gesamte Zeit verballern. Und dabei ist das der Dreh- und Angelpunkt für Ihre Marketingarbeit. Im *Crossover-Marketing* brauchen Sie hier gute Antworten. Sie können davon ausgehen, dass dieser Punkt – wenn er geklärt ist – Sie marketingtechnisch gesehen nach vorne katapultiert. Diese Frage müssen Sie immer wieder beantworten: Bei Presseaktivitäten, auf Ihrer Homepage, in Kundengesprächen, in Ihren Produktbroschüren, in Blogs, bei Wettbewerben, in Unternehmensberichten, bei Businessplänen usw.

Wenn ich damit bei meinem Chef ankomme, weil ich meine gesamte Geduld bei Gesprächen mit Entwicklern und Ingenieuren mehr als verbraucht habe – natürlich ohne eine brauchbare Antwort und mit vielen weiteren Fragezeichen ... tja, dann geht beim Chef sichtbar der Rollladen so langsam, aber sicher runter. Die Miene wird zuerst finster, dann genervt, dann kommt ein Seufzen und dann kommt dieser Gesichtsausdruck, den er aufsetzt, wenn er seinem kleinen Sohn etwas erklärt. Die Sprechgeschwindigkeit wird dermaßen langsam, dass ich mir immer die Frage stelle: Was ist bei mir nicht in Ordnung? Alle verstehen es, nur ich nicht??? Immerhin nimmt er sich die Zeit, das ist sehr nett von ihm.

Haben Sie schon einmal Ihre Produkte aus den Augen der Kunden betrachtet? Als Marketingverantwortlicher haben Sie das sicherlich. Könnte es sein, dass Ihre Kunden nicht verstehen, welche Vorteile Ihre Produkte bieten? Wird der Nutzen Ihrer Produkte deutlich, wenn der Kunde Ihre öffentlichen Auftritte besucht? Sollte der Kunde das nicht verstehen, wird er sich nicht die Zeit nehmen, Ihnen das mitzuteilen. Er will sich auch nicht stundenlang die Zeit nehmen, bis er irgendwo eine Erklärung findet, die ihm diese Frage beantwortet. Diese Kunden – oder Nicht-Kunden - gehen dann einfach woandershin. Hätten sie verstanden, welche Vorteile Ihr Unternehmen oder Ihr Produkt bietet, wären sie vielleicht bei Ihnen geblieben! Und das ist IHRE Aufgabe, dass das nicht der Fall ist. SIE sind dafür verantwortlich, dass die Kunden verstehen, worum es bei Ihrem Unternehmen und Ihrem besonderen Produkt geht. Das kann Ihnen keiner abnehmen. Sie können sich höchstens Unterstützung von außen holen. Viele Agenturen spezialisieren sich darauf. Wenn es Agenturen zu diesem Thema gibt, dann können Sie sich sicher sein, dass es anderen Unternehmen da genauso geht.

Ich hatte ja in meinem jugendlichen Leichtsinn gedacht, das könnte ich doch selbst herausfinden. Der Nutzen eines Produkts, USP und so. Kein Problem, ganz easy! Von wegen! Das Ende vom

Lied war, dass mir diverse neue graue Haare gewachsen sind, mein Chef genervt war (und bis heute ist, sobald ich davon anfange) und immer noch ein Ausruf des Widerwillens durch den Raum geht, wenn ich diese Frage aufwerfe. Der Zufall kam mir aber zu Hilfe. Einige hochkarätige Kunden waren mit der obersten Entscheidungsebene beim Chef und seinen internen Beratern. Das waren auch keine Leute »vom Fach« und die haben genau diese Fragen gestellt. So, und was ist passiert? Der Chef musste sich zurückhalten, dass der Rollladen ausnahmsweise nicht runtergeht. Mit einem nervösen Zucken im Gesicht konnte er gerade so die finstere und genervte Miene unterdrücken und mit einem Ruck durch den ganzen Körper setzte er sein strahlendstes Lächeln auf: »Das kann ich Ihnen gerne beantworten. Ich habe mich mit dieser Frage selbst schon intensiv beschäftigt! Für uns ist der Nutzen für den Kunden natürlich der Anfang unseres Schaffens! Wenn ich Ihnen das mal näher erläutern darf…«

Nachdem die Kunden weg waren, hatte ich einen neuen Besprechungstermin vom Chef im Maileingang. Terminblocker für ein Wochenend-Meeting. Brainstorming und Herausarbeiten des Kundennutzens für unsere Produkte. Gesamte Führungsriege erforderlich. Gerade wollte ich dem Chef zu seinem Vorgehen gratulieren, dass er endlich meine Anregungen aufgreift, da kommt er mir auch schon auf dem Flur entgegen. »Gut, dass ich Sie treffe. Ich hatte da eine hervorragende Idee. Ich habe Ihnen auch schon eine Mail geschickt. Wir müssen den Kundennutzen…«

Ich gebe Ihnen eine Liste mit Tipps an die Hand, die Sie zur Herausarbeitung der Nutzenaufstellung für Ihre Produkte oder Ihr Unternehmen machen möchten:

- Warum sollte Ihr Kunde für Ihr Produkt Geld ausgeben?
- Welches Problem/welche Fragestellung löst Ihr Produkt?

- Was hat Ihr Produkt, was die Konkurrenz nicht hat?
- Spart Ihr Produkt beim Kunden Zeit – wie viel genau?
- Spart Ihr Produkt beim Kunden Geld – wie viel genau?
- Zu welchem Zeitpunkt (innerhalb eines Prozesses oder Zyklus) kann der Kunde Ihr Produkt nutzen?
- Welchen emotionalen Wert hat Ihr Produkt?
- Welchen Wert hat Ihr Produkt für die Umwelt/Gesellschaft?
- Warum braucht der Kunde Ihr Produkt?
- Was ist beim Kunden anders (schlechter), wenn er Ihr Produkt nicht hat?
- Welcher Aspekt ist der Wichtigste in der Nutzenaufstellung?

Mein Chef regt sich immer fürchterlich darüber auf, wenn er an der Schule seines Sohnes mitarbeiten soll. Diese Schule legt sehr viel Wert auf Charity und Hilfsaktionen, die natürlich von den Eltern stark unterstützt werden sollen. Kuchen verkaufen, Spenden sammeln, was nicht sonst alles. Wenn dann mein Chef mithelfen soll, hat er wie immer keine Zeit. Er ist ja schließlich ein gestresster Geschäftsmann, der wichtige Geschäfte leiten muss. Peinlich für ihn, dass er an besagtem Tag in Shorts und Freizeitlook auf dem Golfplatz von der gesamten Arbeitstruppe gesichtet wurde. Golf-spielend, selbstredend. Der Arbeitseinsatz bestand nämlich darin, Kuchen für die Golfspieler zu verkaufen, um damit Geld in die Kassen für neue Golfschläger zu spülen.

Keine Zeit und kein Geld sind häufig angeführte Gründe, warum ein Produkt nicht gekauft werden kann. Oftmals steckt aber etwas ganz anderes dahinter. Das sagt sich leichter als »Mir gefällt Ihr Produkt nicht« oder »Ich brauche Ihr Produkt nicht«. Die Geldfrage taucht bei Prestigeprodukten so gut wie nie auf. Wer es sich leisten kann, kauft sich eben den teuren Sportflitzer aus Zuffenhausen oder Italien. Geld spielt dann keine Rolle. Deshalb sollten Sie sich der Frage widmen, warum Ihr Kunde Geld für Ihr Produkt ausgeben sollte. Und diese Frage löst weitere Fragen aus. Gehen wir der Reihe nach vor:

- Welches Problem/welche Fragestellung löst Ihr Produkt?
- Was hat Ihr Produkt, was die Konkurrenz nicht hat?

Wenn ich Ihr Produkt kaufe, wobei hilft es mir? Was kann ich damit machen? Welches Problem löst es? Dabei ist es unerheblich, ob Ihr Produkt aus einem tatsächlichen Produkt oder einer Dienstleistung besteht. Der Einfachheit halber rede ich von Produkten. Arbeiten Sie unterschiedliche Punkte und Sichtweisen heraus. Am leichtesten geht das, wenn Sie mit konkreten Situationen arbeiten und nicht mit Schlagworten. Spielen Sie Situationen durch, in denen Ihr Produkt Anwendung findet. Wer macht was und was passiert dabei? Gehen Sie an die Sache heran, wie es *Die Sendung mit der Maus* tun würde. Kindersicher. Dann verstehen es auch die Erwachsenen. Je mehr Anwendungsbeispiele Sie finden, umso leichter fällt Ihnen die Erklärung Ihres Produktes. Als ich eine neue Küche anschaffen wollte, bin ich von Küchenstudio zu Küchenstudio getigert. Manche Verkäufer haben mir einen Prospektstapel in die Hand gedrückt, den ich durcharbeiten sollte. Ein anderer hat mir eine endlos lange Liste von Preisen mit *- und **- und ***-Anmerkungen mitgegeben, aber ohne Bilder. Ein anderer hat mir aufgezählt, was ich alles brauche und welche Klasse der Kühlschrank hat. Der Verkäufer, bei dem ich die Küche schlussendlich gekauft habe, hat mich zu seiner Ausstellungsküche mitgenommen. Da hat er mir erzählt, wie zufrieden seine Frau war, als er ihr nach langem Sparen die besonders tollen Klapptüren gekauft hat, die einfach zugeschubst werden können. Dabei passiert aber nichts, sondern der Aufprall wird abgefedert. Da kann sich keiner die Finger einklemmen und keine Glasscheibe geht zu Bruch. Kein Lärm, angenehme Ruhe. Und die Zeit, die man dabei spart.

Schubsen, weitermachen. Ich habe das selbst unbedingt ausprobieren müssen …

Stellen Sie heraus, wie Ihr Produkt zur Konkurrenz steht. Befinden Sie sich in einem heiß umkämpften Markt oder sind Sie alleiniger Anbieter? Haben Sie ein neues Produkt, dessen Anwendung so neu ist, dass sie genau erklärt werden muss? Sie müssen die Konkurrenz nicht schlechtmachen, um Ihr Produkt hervorzuheben. Das kommt beim Kunden auch nicht gut an. Aber stellen Sie Ihre Vorteile klar und gut verständlich heraus. Sie werden sicherlich mit der Frage konfrontiert, wie sich Ihr Produkt im Vergleich zu Produkt XYZ verhält. Halten Sie Antworten bereit. Für klare Faktenanhänger sollten Sie eine Aufzählung der Fakten zusammenstellen. Für Augenmenschen bereiten Sie geeignetes Bildmaterial vor. Anwendungsbeispiele und Erfolgsbeispiele steigern Ihre Seriosität und Glaubwürdigkeit. Wenn andere mit Ihrem Produkt arbeiten und gut darüber reden, dann kann es ja nicht schlecht sein, oder?

- Spart Ihr Produkt beim Kunden Zeit – wie viel genau?
- Spart Ihr Produkt beim Kunden Geld – wie viel genau?
- Zu welchem Zeitpunkt (innerhalb eines Prozesses oder Zyklus) kann der Kunde Ihr Produkt nutzen?

Erfolgsbeispiele sind ein guter Weg, um aufzuzeigen, wie viel Zeit oder Geld der Einsatz Ihres Produktes einsparen kann. Kunden sind immer begeistert, wenn sie ein wertiges Produkt günstig einkaufen können. Und wenn es nur ein paar Cent sind. Mein Chef ist da so ein Paradebeispiel. Er kann stundenlang im Internet recherchieren, welcher Laden zu welchem Preis das Gesuchte anbietet. Wenn er dann fündig geworden ist, geht ein Aufschrei durch das Büro, das können Sie noch in der Tiefgarage hören! Wieder 3,99 Euro gespart!! Dafür hat er zwei Stunden gebraucht. Was das kostet …

Bedient Ihr Produkt oder Ihre Leistung nur einen bestimmten Zeitraum wie zum Beispiel Saisonartikel, dann müssen Ihre Kunden hierzu Informationen erhalten. Sollten Sie Hobbygärtner sein, dann wissen Sie genau, in welchem Zeitraum Sie Ihre Saatkörner kaufen müssen, damit noch rechtzeitig gesägt werden kann. Auf den Saatpackungen steht genau aufgeschlüsselt, in welchen Monaten Sie säen und wann Sie ernten können. Stellen Sie alle Informationen zusammen, die Ihren Kunden weiterhelfen, und machen Sie diese Informationen verfügbar.

- Welchen emotionalen Wert hat Ihr Produkt?
- Welchen Wert hat Ihr Produkt für die Umwelt/Gesellschaft?

Sollten Sie schon einmal einen Businessplan erstellt haben, dann werden Sie diese Fragen kennen. In Businessplänen oder bei Wettbewerben wird diese Frage häufig gestellt. Meistens zieht das lange Gesichter und ein unwilliges Murren nach sich. Aber diese Fragen sind interessant. Wenn Sie tatsächlich einen Nutzen für die Umwelt mit Ihrem Produkt bieten, dann ist das eine steile Marketingvorlage. Daraus lassen sich Verkaufsargumente ableiten. Wenn Sie dem Regenwald etwas Gutes tun, wenn Sie ein Produkt kaufen, fühlen Sie sich gleich viel wohler, denn Sie haben etwas Gutes getan! Das ist das, was die Kunden hören möchten!

Erzeugt Ihr Produkt Emotionen, dann ist das ein wunderbares Instrument, um Marketingmittel zu finden. Wenn man das Röhren eines Motors mit 500 PS hört, dann geht einem das durch Mark und Bein. Dann fangen die Gedanken an, auf die Reise zu gehen. Man sieht sich selbst hinter dem Steuer dieses Fahrzeugs. Das erleichtert das Finden von Argumenten. Was, wenn Ihr Produkt keinen emotionalen Wert und keinen Mehrwert für Umwelt oder Gesellschaft erzeugt? Vielleicht haben Sie einen Punkt übersehen? Wenn nicht, dann konzentrieren Sie sich auf andere Vorteile, die

Ihr Produkt zwangsläufig haben wird. Stellen Sie diese Vorteile zusammen und halten Sie Antworten auf kritisches Nachfragen parat. Verschweigen Sie nichts, beschönigen Sie nichts, aber zeigen Sie die Vorteile auf.

- Warum braucht der Kunde Ihr Produkt?
- Was ist beim Kunden anders (schlechter), wenn er Ihr Produkt nicht hat?

Vergleiche sind das Salz in der Suppe. Es geht zwar auch ohne, aber mit Salz kommt doch etwas viel Besseres dabei heraus. Ihr Kunde ist nicht dumm, er wird die Vorteile Ihrer Produkte auch ohne Vergleiche verstehen. Wenn Sie aber Vergleiche ins Feld führen, dann wird das sehr viel anschaulicher und bleibt im Gedächtnis haften. Ich meine nicht Vergleiche à la »Unser Produkt ist tausendmal besser als das von Konkurrent XYZ«, sondern bildhafte Vergleiche. Die Menschen früher kamen auch mit Pferdekarre und Kutsche vorwärts. Eine Eisenbahn reichte aus. Aber das Auto hat einen Fortschritt in Gang gesetzt, der revolutionär war. Auto versus Kutsche. Die Menschen kannten früher keine Autos und dachten sicherlich, dass ihnen der Teufel erschiene, als sie das erste Auto fahren sahen. Was ist Ihr Vergleich? Was passt zu Ihrem Unternehmen oder Ihrem Produkt? Am einfachsten werden Sie einen Vergleich finden, wenn Sie darüber nachdenken, was denn anders OHNE Ihr Produkt ist. Ohne Ihren Kaffeefilter gibt es keinen leckeren Kaffee morgens und alle sind schlecht gelaunt. Ohne Ihre Motoren laufen keine Landmaschinen. Ohne Schmuck aus Ihrer Kollektion fühlt man sich nackt. Ohne ... Ihnen fällt sicherlich etwas ein.

Vergleichen Sie im nächsten Schritt das Fehlen Ihres Produktes mit einem Ereignis. Ohne Ihr Produkt ist es wie Fahren ohne Navigationsgerät. Ohne Ihr Produkt ist es wie Joggen mit Stöckelschuhen. Das sind Vergleiche, die im Kopf haften bleiben. Weil sich der

Kunde etwas darunter vorstellen kann. Weil es ihn persönlich betrifft. Das wird er sich merken können. Suchen Sie nach Vergleichen und Begebenheiten, wie es ohne den Einsatz Ihres Produktes wäre. Gibt es einen Aspekt, der Ihrem Kunden das Leben schwer macht, weil er Ihr Produkt nicht nutzen kann? Dann bauen Sie eine Geschichte darum herum, die glaubwürdig ist. Es geht nicht darum, Ihren Kunden hinters Licht zu führen oder falsche Dinge zu behaupten. Das sollte man tunlichst vermeiden. Es geht darum, lebendig, authentisch und bildhaft die Vorteile und den Nutzen Ihrer Produkte und Ihres Unternehmens zu erklären und darzustellen. Storytelling – Geschichten erzählen. Dazu brauchen Sie kein Millionenbudget. Denken Sie CROSS-OVER! Leben Sie Ihr Marketing und transportieren Sie diese Überlegungen in Ihre Außenkommunikation. Mit Ernsthaftigkeit ausgeübt, werden Sie dabei auf ein besseres Verständnis Ihrer Produkte stoßen. Das wird Interesse erzeugen und hoffentlich Ihren Umsatz ankurbeln.

- Welcher Aspekt ist der Wichtigste in der Nutzenaufstellung?

Das waren einige Fragen, die Ihnen vielleicht zu vielen, vielen Nutzenargumenten verholfen haben. Analysieren Sie Ihre Argumente und Ihre Nutzenaufstellung nach Wichtigkeit. Machen Sie eine Rangliste von sehr wichtig bis kaum wichtig. Je nach Kundengruppe kann die Wichtigkeit variieren. Sollte das der Fall sein, dann erstellen Sie für jeden Kundenkreis eine eigene Rangliste. Wenn Sie die Analyse weiter betreiben wollen, dann legen Sie fest, für welchen Einsatz sich welches Argument eignet. Manches passt gut auf eine Homepage, manches eignet sich für ein Statement gegenüber der Presse oder auf Facebook oder im Kundengespräch. Für eine Broschüre werden sich unter Umständen andere Argumente eignen. Das können Sie entsprechend zuweisen.

Achten Sie auf eine gemäßigte Anwendung der Nutzenargumente. Erschlagen Sie damit nicht Ihr Gegenüber. Sie sollten die Argumente nicht zusammenhanglos aneinanderreihen, sondern einen Kontext geben. Variieren Sie zwischen Fakten, Geschichten, Vergleichen und Erfolgsgeschichten. Der Kunde muss sich angesprochen fühlen, sonst ist die schönste Erfolgsgeschichte für die Katz. Berücksichtigen Sie in Ihren Argumenten Aspekte aus anderen Unternehmensbereichen. Hier kommt *Crossover-Marketing* deutlich ins Spiel. Hat die Entwicklungsabteilung einen besonderen Anteil am Erfolg des Produktes, weil ein neues Verfahren eingesetzt wurde, dann kommunizieren Sie diesen Vorteil. Ist Ihre Personal- und Unternehmenspolitik betroffen, weil Sie nur inländische Produktion betreiben im Gegensatz zur Konkurrenz, dann ist das ein Vorteil, der kommuniziert werden kann. Wenn Sie eine Logistikabteilung haben, die für die pünktliche Lieferung Ihres Produktes bis an die Haustür Ihrer Kunden sorgt, dann erwähnen Sie das. Wird das Produkt in liebevoller Handarbeit einzeln für den Kunden nach Wunsch angefertigt … Sie wissen, worauf ich hinauswill. Richten Sie Ihren Blick über das Produkt hinaus auf das gesamte Unternehmen. Werden Sie kreativ.

Umsetzung – Sie bieten Ihren Kunden einen klaren Vorteil und haben eine Nutzenargumentation:

- Sie können den Vorteil Ihres Produkts in Zeit und Geld ausdrücken.
- Sie haben eine Auflistung Ihrer Nutzen und Argumente (je Kundenbereich).
- Sie haben eine Nutzen-Rangliste.
- Sie haben unterschiedliche Unternehmensbereiche in Ihrer Nutzenargumentation berücksichtigt.
- Sie können den Nutzen anschaulich über Vergleiche, Erfolgsgeschichten oder Erfahrungen erläutern.

Auf Ihrer Internetseite liegt die letzte Änderung nicht drei Jahre zurück

Eine kleine Wette unter Freunden: Wie viele Internetseiten finden Sie in 20 Minuten, deren aktuellste News über ein Jahr alt ist? Sie werden sicherlich fündig. Das ist das Traurige an der Sache: Es wird wohl meistens kleinere oder mittlere Firmen treffen. Diese Unternehmen können leider nicht wie die großen Firmen Geld ohne Ende für Marketingauftritte hinblättern. Sind das die aktuellen News aus dem letztem Jahr oder noch älter? Sieht die Seite aus, als sei sie noch von 1999? Sind da gefühlte 14 verschiedene Schriftarten auf der ersten Seite? Und entdecken Sie vielleicht noch einen Besucherzähler? Heidewitzka, das sollten Sie vermeiden! Diesen Unternehmen will ich keinen Vorwurf machen, denn wahrscheinlich bleibt neben dem ganzen Tagesgeschäft keine Zeit für diese Tätigkeiten. Und das trotz 16-Stunden-Tag. Das können Firmen sein, die qualitativ hochwertige Produkte herstellen, leider ist das auf der Homepage nicht zu erkennen. Und das ist der erste Eindruck – der bleibt.

Eine Homepage hat jeder. Das ist die Visitenkarte Ihres Unternehmens. Aber sieht die Homepage auch so aus wie das, was Sie verkörpern möchten? Spricht die Homepage Ihre Unternehmenssprache? Lohnt es sich für Ihre Besucher, immer wieder reinzuschauen? Gibt es Neuigkeiten und sichtbare Änderungen, die zum Surfen einladen? Ich ertappe mich ja immer wieder dabei, die Internetseiten von Automobilherstellern und großen Kleidermarken durchzuschauen. Da gibt es immer das Neueste vom Neuen und die Bilder sind so professionell! Marketingtechnisch kann einem da schon das Wasser im Munde zusammenlaufen. Warum kann der Chef nicht einfach mal die Agentur von denen buchen? Die paar Tausender und Zehntausender und Hunderttausender würden sich doch lohnen!? Mann, das wäre was! Die Kunden würden kaufen und kaufen und kaufen, und ich wäre der Held des Tages, weil das durch MEIN Marketing passiert ist! Oder ich könnte so schnell ich kann meine Beine in die Hand nehmen und rennen, bis ich mich am Nordpol hinter einem Iglu verstecken kann. Bis mein Chef mal ein paar Kröten rausrückt, das erlebt ja keiner mehr. Aber hat er sich nicht gerade ein neues Auto im Onlinekonfigurator zusammengestellt und habe ich die Sekretärin nicht »Schicken Sie bitte den Kaufvertrag an die Firmenadresse« sagen gehört?

Die Homepage, ein leidiges Thema. Voller Stolz hatte ich mit einer Agentur – wir hatten tatsächlich eine beauftragt!!! – ein neues Design entwickelt. Und glauben Sie mir, das war wirklich ein Quantensprung im Vergleich zu dem, was wir vorher hatten! In Tag- und Nachtarbeit hatten wir die Umsetzung auch schließlich geschafft, gerade rechtzeitig zur Messe. Mit nicht enden wollenden Ringen unter den Augen präsentierten wir das Ergebnis. Die stolzgeschwellte Brust sackte zusammen wie ein Reifen, aus dem die Luft gelassen wird. Laut Chef ist die Schrift ist zu klein, das Bild ist sch.... Warum stünden da keine Infos über dies und das und außerdem sei die alte Homepage doch tausendmal besser gewesen. Da hätte man ja schließlich gefunden, was man suchte. Und dafür hätte ich sein Geld verschwendet! Das würde natürlich vom kommenden Gehaltsbonus einbehalten. Oh Mann!

Gut, Sie haben eine Homepage mit guter Optik, also schönem Erscheinungsbild. Und das entspricht auch dem Wert, der Qualität Ihres Unternehmens. Wie können Sie sicherstellen, dass Kunden Ihre Homepage auch besuchen und vor allem, dass sie lebendig bleibt? Einmal teuer angelegt und dann dürfen die Praktikanten ran! Die haben ja auch eher den Zugang zum schnelllebigen Internet und dem ganzen Tüddelkram. Ja, das ist immer eine nette Aufgabe für diese Zielgruppe! Aber was ist, wenn der Praktikant dann wieder abdüst? Wer hat dann die Passwörter und weiß, wie man was ändert? Vielleicht ist dieser Praktikantenjob für eine kurze Zeit eine nette Lösung, wenn dieser Praktikant sich damit gut auskennt. Aber langfristig lassen Sie davon lieber die Finger! Oder haben Sie Ihren Chef schon mal dabei beobachten können, dass er aus seinem Platin-Visitenkarten-Etui mit eingraviertem Namen eine handbemalte Visitenkarte mit Herzchen hervorholt? Sicherlich nicht! Das ist bestimmt eine Visitenkarte aus besonderem Papier mit besonderer Bedruckung. Da muss alles stimmen, da darf kein Knick drin sein! Das käme nicht gut an.

Genauso ist das auch mit Ihrer Homepage. Das ist IHRE Visitenkarte! Es spielt keine Rolle, ob Sie dafür eine großes oder ein kleines Budget zur Verfügung haben. SIE haben es in der Hand, ob die Homepage aktuell und lebendig oder ob sie veraltet ist. Wenn Sie einen Mitarbeiter haben, der das für Sie erledigt, dann briefen Sie ihn entsprechend und sorgen Sie dafür, dass er die Seite immer wieder aktualisiert. Wenn Sie keinen Mitarbeiter dafür haben, dann legen Sie selbst Hand an! Seien Sie sich dafür nicht zu schade, denn das ist der Weg zu Ihren Kunden. Die »inneren Werte« helfen nicht weiter, wenn das Äußere nicht stimmt. Kein Kunde wird bei einer langweiligen Seite erst mal jeden Menüpunkt durchklicken, bis er auf Ihre wichtigste Seite mit den besten Informationen kommt. Dazu hat er keine Zeit. Wenn aber das Äußere stimmt, dann wird er sich die Zeit nehmen, sich durchzuklicken. Oberflächlich, aber leider wahr.

Sicherlich passieren in Ihrem Unternehmen Dinge, die Ihre Kunden interessieren. Dann berichten Sie doch darüber auf Ihrer Homepage! Dadurch wird Ihr Unternehmen greifbar und authentisch. Vielleicht sollten Sie nicht gerade das Bild vom Chef veröffentlichen, auf dem er in der Badehose mit einer Flasche Bier in der Hand bei der letzten Fußball-WM abgebildet ist und sich über die Niederlage ärgert. Und Sie sollten auch nicht darüber berichten, dass er danach noch wochenlang muffelig durch die Flure gelaufen ist und eine Laune an den Tag gelegt hat, die jeder Beschreibung spottet. Und dass jeder schnell Deckung gesucht hat, solange er noch die Chance dazu hatte. Und wehe, wenn jemand in dieser Zeit einen Reisekostenantrag gestellt hat! Da fällt mir ein, ich brauche noch eine Unterschrift zur Fahrtkostenerstattung. Hoffentlich hat sein Fußballverein gut gespielt!!!

Über Möglichkeiten, Ihre Homepage attraktiv zu gestalten, gibt es tonnenweise Bücher. Informieren Sie sich oder greifen Sie auch gerne auf eine Agentur zurück, wenn Sie einen großzügigen Chef haben. Aber Sie können auch einfach Ihren Verstand benutzen und das Wesentliche betrachten: Was würde Sie dazu veranlassen, Ihre Homepage wieder zu besuchen? Okay, Sie haben sich mittlerweile schon sattgesehen und können nahezu jedes Wort darauf auswendig. Dann anders: Was veranlasst Sie dazu, Ihre Lieblingsseite immer wieder zu besuchen? Bestimmt liegt es daran, dass Sie Informationen finden, die SIE interessieren. Und es tut sich was! Es gibt Veränderung!

Sie müssen nicht Großkonzerne mit der Qualität Ihrer Homepage übertrumpfen! Aber Sie können von Konzernen lernen, welche Mittel sie einsetzen, um Aufmerksamkeit zu halten. Sie müssen sie nicht kopieren, aber Sie können das Gelernte auf Ihr Unternehmen anwenden und umsetzen. Mit den Mitteln, die Sie zur Verfügung haben. Und wenn Sie das umgesetzt haben, dann werden Sie sehen, dass die Besucherzahlen konstant bleiben oder steigen. Vor allem werden Sie feststellen, dass Ihre Besucher wiederkehren. Das können Sie ja leicht mit zum Beispiel Google Analytics herausfinden. Außerdem erhalten Sie eine Aufschlüsselung darüber, welche Seiten Ihre Besucher interessieren – und welche NICHT. Lernen Sie auch daraus und reagieren Sie darauf!

Wenn Ihr Chef so ein bisschen ist wie meiner, dann wird er es auch lieben, wenn er nicht nur namentlich, sondern auch mit

Bild auf der Homepage verewigt ist. Am besten in Gewinnerpose oder ganz wichtig mit anderen wichtigen Leuten im Bild. Nutzen Sie das und schreiben Sie einige nette Worte dazu in einem Artikel. Ihr Chef wird es Ihnen danken, indem er Ihre Arbeit würdigt, und für Ihre Kunden ist das wirklich interessant. Sie wollen auch gerne mehr über Ihr Unternehmen erfahren. Da gehört eben auch der Chef dazu. Ich bin mir sicher, dass Sie dazu sicherlich die Zustimmung des Chefs erhalten. Neulich meinte mein Chef, wir hätten doch noch vom letzten Fototermin einige Bilder von ihm. Das wäre doch zu schade, wenn die einfach im Archiv vergammeln würden. Könnten wir nicht einen Artikel über ihn …?

Sorgen Sie dafür, dass Ihre Kunden alle notwendigen Informationen auf der Homepage finden, die Sie benötigen. Es wird Sie nicht überraschen, aber das sollte auffindbar sein:

- Firmenname
- Produkte
- Was macht Ihre Firma?
- Firmenhistorie
- Kontaktdaten, eventuell ein Kontaktformular
- Impressum
- Anfahrtsbeschreibung
- Referenzen und Kundenstatements
- Produktbeispiele oder Einsatzbereiche
- Aktuelles
- Informationen, die unterhalten und den Kunden dazu veranlassen, gerne wiederzukommen
- Pressebereich
- Downloadbereich mit Produkt- und Unternehmensbroschüren
- Links zu Ihren Social-Media-Angeboten

Lassen Sie uns die Punkte separat betrachten. Die ersten Punkte sind klar nachvollziehbar:

- Firmenname
- Produkte
- Was macht Ihre Firma?
- Firmenhistorie
- Kontaktdaten, eventuell ein Kontaktformular
- Impressum
- Anfahrtsbeschreibung

Ihre Kunden möchten wissen, wer Sie sind, was Sie machen und was Sie anbieten. Kein Schnickschnack. Das muss zu finden sein. Möglichst schnell und ohne langes Suchen. Checken Sie Ihre Homepage nach diesen Punkten durch. Wie viele Klicks benötigen Sie, um an diese Informationen zu gelangen? Möglichst nur einen Klick, nachdem die Besucher auf Ihrer Seite sind – das wäre wünschenswert. Halten Sie sich nicht mit zu vielen Menüpunkten an unterschiedlichen Stellen auf. Wie so oft ist auch hier weniger mehr. Keep it simple. Einfach halten ist die Devise. Beachten Sie das enge Zeitbudget Ihrer Besucher. Da muss es schnell gehen und die Infos müssen gleich da sein. Langes Suchen ist unerwünscht und Sie verlieren unter Umständen interessierte Besucher.

- Referenzen und Kundenstatements
- Produktbeispiele oder Einsatzbereiche

Technische Bezeichnungen für Ihre Produkte sind wichtig und beim Fachpublikum sicherlich bekannt. Aber bedenken Sie, dass auch fachfremde Besucher auf Ihrer Seite landen könnten. Kombinieren Sie Fachbegriffe und allgemein verständliche Erklärungen. Halten Sie sich und Ihre Besucher nicht mit langen Sätzen auf, sondern achten Sie auf kurze, prägnante Sätze. Beim schnellen Überfliegen soll man den Sinn begreifen. Gute Bilder an passender Stelle lockern ebenfalls auf und bieten eine weitere Attraktivität zum genauen Hinschauen. Produktbeispiele anhand von Bildern oder Videos, bei denen man die Funktion Ihrer Produkte sieht, helfen weiter. Zeigen Sie die Einsatzbereiche für Ihr Produkt auf. Selbst wenn Ihr Besucher mit den Funktionen Ihres Produkts vielleicht nicht viel anfangen kann, wird er zumindest sehen können, dass es für seinen Anwendungsbereich geeignet sein könnte. Dann kann er das immer noch an den betreffenden Mitarbeiter, Kollegen oder Verwandten weiterleiten.

Referenzen sind eine großartige Angelegenheit, wenn sie nicht fiktiv sind. Referenzen sind Belege für die Qualität und den Nutzen Ihres Produktes. Lassen Sie andere Personen Gutes über Ihre Produkte sagen. Diese Personen können die Erfahrungen mit Ihrem Produkt schildern. Das hat einen höheren Stellenwert, als wenn Sie das selbst tun. Wenn die Referenzkunden namhafte Personen oder Unternehmen sind, dann ist das für den Kunden wie ein Gütesiegel. »TÜV-geprüft« sozusagen, auch wenn die Referenz nicht vom TÜV kommt … Tu Gutes und rede darüber – oder lass darüber reden. Gehen Sie auf die Suche nach Referenzen unter Ihren Kunden. Bitten Sie um Statements und die Freigabe zur Veröffentlichung. Packen Sie ein nettes (freigegebenes) Bild Ihres Referenzkunden hinzu und fertig! Das macht Eindruck und die Kunden verlangen danach.

Wenn Sie jetzt kein Topmodel, keinen Sport-Weltmeister, Oscar-Gewinner oder Konzernboss als Referenzkunden gewinnen können, ist das kein Beinbruch. Das können viele andere Unternehmen auch nicht. Aber vielleicht haben Sie einen Experten in Ihrem Umfeld, der Ihnen ein wertvolles Statement geben kann. Einen Psychologen, Arzt, Ingenieur, Selbstständigen, Uni-Professor,

Sozialpädagogen – je nach Unternehmensfeld kann eine Aussage aus diesem Personenkreis eine gute Unterstützung sein. Lassen Sie Ihre Referenzpersonen etwas über Ihr Produkt erzählen und dessen Vorteile herausstellen. Vielleicht wird das gleich eine ganze Erfolgsgeschichte. Ihr Referenzpartner sollte allerdings Erfahrung mit Ihrem Produkt haben. Ansonsten werden Sie als Unternehmen unglaubwürdig. Bleiben Sie authentisch und bleiben Sie bei der Wahrheit. Verstöße werden von Ihren Kunden durch Nicht-Kauf bestraft. Negative Werbung müssen Sie durch Mehrarbeit und höhere Investitionen wieder auffangen.

Mein Chef will ja nach wie vor sich selbst als Erfolgsgeschichte für unsere Referenzen anbieten. Ein nettes Bild von ihm mit Villa (seine eigene, würde er aber nie zugeben) im Hintergrund. Seine Frau, die ihn verträumt und bewundernd anschaut daneben (sie sieht wirklich gut aus, das wäre ein Gewinn für das Foto). Er würde zwei Sätze zum Produkt sagen und den Rest könnten wir mit seiner Lebensgeschichte auffrischen. Von wegen anschaulich und so. Das wäre eine super Erfolgsgeschichte. Ich soll das unbedingt machen! Ich habe schon mehrmals freundlich abgelehnt, aber immer wieder tauchen Fotos von ihm auf meinem Schreibtisch auf. Und der dezente Hinweis mit einem Post-it, dass er eine Erfolgsgeschichte hätte, die wunderbar wäre. Ich soll ihn darauf ansprechen. Wie soll ich da wieder rauskommen?

- Aktuelles
- Informationen, die unterhalten und den Kunden dazu veranlassen, gerne wiederzukommen

Halten Sie Ihren News-Bereich aktuell! Das erfordert Zeitaufwand, weil Sie Nachrichten und Berichte erstellen und einpflegen müssen. Kontinuierlich. Es wird sich lohnen! Personen, die sich für Ihr Unternehmen interessieren, wollen auf dem Laufenden gehalten werden. Wenn Sie neue Produkte herausbringen, dann möchten Ihre Kunden das auf Ihrer Seite sehen. Kundenbeziehungen bedeuten auch Anteilnahme am Gegenüber. Nicht nur Sie nehmen Anteil an den Belangen Ihrer Kunden, sondern Ihre Kunden nehmen Anteil an Ihrem Unternehmen. Sie möchten Informationen über das, was hinter den Kulissen vor sich geht. Bedienen Sie dieses Interesse und liefern Sie Informationen, die von Interesse sind. Betrachten Sie den Bereich News oder Aktuelles nicht als Werbeplattform, sondern als Plattform für Neuigkeiten, die Ihren Kunden Mehrwert bieten. Sie müssen keine geheimen Informationen bereitstellen und auch keine Informationen, die Ihnen als Unternehmen schädigen. Berichten Sie von Einzelheiten Ihres Produkts, die wichtig für Ihre Kunden sind. Vielleicht profitiert eine Hilfsorganisation vom Kauf Ihres Produkts, weil Sie für jede verkaufte Einheit einen kleinen Obolus spenden werden. Oder Sie veranstalten einen Tag der offenen Tür, dann berichten Sie vor und nach der Veranstaltung darüber.

Vielleicht sind Sie jemand, der nichts dem Zufall überlässt. Dann machen Sie doch einen Redaktionsplan für Ihre Homepage. Nehmen Sie Ihren Terminkalender, den des Vertriebs und den Ihres Chefs zu Hilfe. Da finden Sie Termine zu Veranstaltungen, die auch für Ihre Kunden interessant sind. Außerdem werden Sie sicherlich darüber informiert, wann Produktneuerungen auf den Markt kommen. Das lässt sich redaktionell für die Homepage gut vorbereiten. Das ist der Stoff für Aktuelles! Und dann nehmen Sie noch Ereignisse, die ungeplant dazwischenkommen und sich für die Homepage eignen, wie zum Beispiel eine Auszeichnung oder eine Veröffentlichung oder … Und schwups, schon haben Sie etwas für Ihre Homepage!

Geben Sie Einblicke in Ihr Unternehmen, die Ihre Kunden zum Verbleib auf Ihrer Homepage animiert. Und vor allem sollen Ihre Kunden und Interessenten dazu veranlasst werden, wieder auf Ihre

Homepage zu kommen. Das erreichen Sie, in dem Sie wechselnde Inhalte liefern. Bilder, die sich ändern (im Lauf der Zeit, nicht innerhalb von Sekunden). Wöchentliche oder tägliche News, je nach Ihren Möglichkeiten. Binden Sie Veranstaltungen ein und berichten Sie darüber. Untersuchen Sie, welche Informationen einen Mehrwert für Ihre Kunden bedeuten. Stellen Sie diese Informationen für Ihre Kunden bereit. Da fällt mir gerade ein, dass mein Chef die aktuellen Fußballergebnisse auf der Firmenhomepage haben wollte. Er möchte morgens beim Hochfahren seines Computers sofort seine Firma und die Fußballergebnisse sehen. Das wäre doch eine super Kombination …

- Pressebereich
- Downloadbereich mit Produkt- und Unternehmensbroschüren
- Links zu Ihren Social-Media-Angeboten

Ein Pressebereich bietet sich an, wenn Sie Pressearbeit machen. Ansonsten würde ich Ihnen empfehlen, hier nur die Kontaktdaten des Ansprechpartners mit Telefonnummer, E-Mail-Adresse, Faxnummer und wenn erwünscht auch mit Bild aufzunehmen. Pressearbeit ist ein umfassendes Thema, das wir separat betrachten werden.

Einen Downloadbereich zu haben ist nie verkehrt. Wenn ein Kunde sich nochmals schnell über Ihre Produkte und Ihr Unternehmen informieren will, dann lädt er sich einfach das PDF herunter. So hat er alle Informationen, die er braucht, und kann dann entsprechend handeln. Störend sind dabei Anmeldefenster, um Downloads herunterzuladen. Bauen Sie hier keine unnötigen Barrieren auf, sondern ermöglichen Sie den leichten Zugang und ein leichtes Auffinden. Wer möchte, kann sich alle Unterlagen auch per Post zuschicken lassen. Sie können gerne diese Möglichkeit anbieten. Im Normalfall wird das nicht in Anspruch genommen. Sollten zu viele

Nachfragen kommen, welche Ihnen zu hohe Kosten verursachen, dann können Sie diese Möglichkeit auch wieder entfernen.

Wenn Sie Social-Media-Kanäle haben, dann sollten auf Ihrer Homepage die passenden Links zu finden sein. Auch hier ist Schnelligkeit Trumpf, denn Ihr Homepage-Besucher soll schnell an die entsprechende Stelle mit möglichst wenigen Klicks gelangen. Vielleicht hat Ihr Kunde ja noch gar nicht gewusst, dass Sie Social Media betreiben. Da lohnt sich ein Besuch auf Ihrer Seite, denn er erfährt ja wieder etwas Neues über Ihr Unternehmen!

Eine Homepage zu haben ist wichtig. Aus *Crossover-Marketing*-Sicht ist es ebenso sinnvoll, die eigene Unternehmensstrategie einfließen zu lassen. Wenn Sie strategische Kundensegmente definiert haben, dann überprüfen Sie, ob die Informationen auf Ihrer Homepage für dieses Segment interessant sind.

Umsetzung – Ihre Homepage sollte …

- … einen Verantwortlichen haben, der sich um die Aktualität Ihrer Homepage kümmert,
- … Ihren Kunden die Informationen liefern, die Sie benötigen,
- … Ihren Kunden leicht verständlich zeigen, was Ihr Unternehmen macht und welche Produkte/Leistungen Sie anbieten,
- … immer wieder Aktuelles bieten (News, Infos, Hintergründe, Downloads usw.),
- … Ihre Kunden auf einen Blick erkennen lassen, dass sich etwas auf Ihrer Homepage geändert hat! Variieren Sie die Informationen oder Bilder auf der ersten Seite!
- … den Anspruch Ihres Unternehmens widerspiegeln,
- … zu den Marketingzielen und Ihrer Marketingstrategie beitragen.

Ihre Firmenpräsentation löst bei Ihren Zuhörern keine Fluchtreaktion aus

Bringen wir es auf einen Punkt: Sie kennen sicherlich genügend Beispiele für langweilige Präsentationen. Da gibt es die Spezialisten mit den Folienfilmen oder den gaaaaanz witzig gemeinten Cliparts, die sinnlos ihren Platz auf den Folien finden. Am besten sind ja auch die Präsentationen, bei denen ganze Textpassagen in kleinster Schrift aufgeführt sind und die auch wortgetreu vorgelesen werden. Jeder hat mittlerweile eine eigene Präsentation, selbst so manche Betreuungseinrichtung für Kinder. Ich bin sehr froh darüber, dass die Art Präsentationen zu halten nicht mit der Fähigkeit übereinstimmt, die dazu nötig ist, erzieherisch tätig zu sein. Sonst würden wohl manche Eltern einen Kindergartenwechsel in Betracht ziehen. Ich meine damit NICHT die Erzieherinnen meiner Kinder. Meine Kinder lieben ihre Erzieherinnen! Und wir haben Respekt vor ihrer Leistung!

Vielleicht ist Ihr Chef ein Naturtalent in Sachen Präsentationen. Dann wird er klare Vorstellungen davon haben, was er möchte und wie Sie das Gewünschte zur Verfügung stellen können. Vielleicht ist Ihr Chef aber auch eher der Kleinliche, der jede Information auf den Folien haben will und natürlich noch weitere 97 Back-up-Folien. Damit er für jede Eventualität gerüstet ist. Ich habe in der Vergangenheit viele, viele Präsentationen vorbereitet. Was ich gelernt habe, ist, dass Sie mit guten Präsentationen viel erreichen können. Es hängt jedoch genauso viel davon ab, wie die Präsentation vorgetragen wird. Sagen wir mal so: Manche haben es, manche nicht.

Sie haben es nicht in der Hand, wie gut Ihr Chef Ihre Firmenpräsentation vorträgt. Dafür müssen Sie auch nicht geradestehen. Aber Sie können ihm eine Präsentation zur Verfügung stellen, die das Unternehmen und ihn gut aussehen lassen! Ihrem Chef wird

Achtung dafür gezollt, dass er der Chef ist. Und wenn er gut präsentieren kann, dann wird er dafür Lorbeeren ernten. Und wenn nicht, dann ist er trotzdem der Chef. Außerdem weiß jeder, dass die wenigsten Präsentationen eines Chefs aus seiner Feder stammen. Mein Chef ist ja ein Fan von Back-up-Folien. Wir sind da leider unterschiedlicher Ansicht, denn was die Anzahl von 20 überschreitet, empfinde ich als zu viel. Klar ist es gut, vorbereitet zu sein, aber braucht es das wirklich? Mein Chef ist da anderer Ansicht. Er schmuggelt immer wieder seine zig Back-up-Folien rein. Und ich lösche Sie immer wieder großzügig. Hoppla, bin auf die Entfernen-Taste gekommen …

Ihre Aufgabe ist es, dafür zu sorgen, dass Ihre Firmenpräsentation keine Fluchtreaktionen auslöst, sondern Spannung erzeugt und nicht mit bloßen Aufzählungen langweilt. Sie können Heidi Klum als Frau Anfang 40 beschreiben. Sie können aber auch sagen, dass sie von vielen als die schönste Frau der Welt gesehen wird. Eine Frau, deren Körper vielen Männern den Verstand raubt und die so schlau ist, dass sie ein Millionenvermögen mit ihren Ideen verdient hat. Welche Variante würden Sie bevorzugen? Vermutlich werden die meisten wissen, dass die Geschichte von Bill Gates in einer Garage angefangen hat. Dass er Nerd-like am Computer saß und so seine Karriere begann. Die wenigsten werden wissen, in welchem Jahr das war. Das ist auch egal, denn was zählt, ist, dass Sie sich daran erinnern!

Was ist die Erfolgsstory Ihres Unternehmens? Ist es eine Aneinanderreihung von Jahreszahlen und Fakten oder ist es das Erlebnis Ihres Chefs oder dessen Großvaters, das den Erfolg Ihres Unternehmens ausgelöst hat? Geht Ihre Firmengeschichte auf eine besondere Person zurück, die mit Tatkraft ein Unternehmen aufgebaut hat, das viele Mitarbeiter beschäftigt? Hat Ihr Firmengründer eine neue Technologie entwickelt? Liegt Ihre Firmengründung noch nicht lange zurück, aber der Unternehmensstart hatte einen Auslöser, etwas, das Sie erzählen können? Sie brauchen Emotionen! Emotionen, die Fakten erläutern! Wenn Ihr Chef das Unternehmen mit Anfang 20 gegründet hat, dann ist das eine andere Kommunikationsebene, die etwas bei Ihren Zuhörern auslöst. Sie können förmlich den jungen Studenten vor sich sehen, der sich die Nächte um die Ohren schlägt und den Willen hat, die Welt zu verändern. Ihre Zuhörer werden die Leidenschaft und die Zielstrebigkeit spüren! Und dennoch ist das derselbe Tatbestand wie die Information: Firmengründung 1982.

Hilfreich ist auch immer, wenn Sie die Präsentation vor fachfremdem Publikum halten. Wenn Ihre Zuhörerschaft kaum noch ihr Gähnen unterdrücken kann, unruhig auf dem Stuhl herumrutscht oder ständig auf die Tür schaut, dann sollten Sie sich überlegen, was Sie besser machen können. Fragen Sie doch einfach mal nach! Kritik ist ja am schönsten, wenn sie positiv ist – wem geht das nicht so? Aber weiterkommen werden Sie vermutlich eher bei negativer Kritik. Sehen Sie es als Hinweis zur positiven Veränderung. Aber unterscheiden Sie auch, welche Kritik Sie annehmen und welche nicht …

Neulich hatte ich eine wirklich schöne Präsentation gemacht. Ich muss zugeben, ich war schon ein bisschen stolz. Die Bilder waren gut gewählt, sodass auch Lacher garantiert waren. Ich bin also voller Stolz zum Chef und – tata! Ich habe meine Präsentation gezeigt. Mein Chef schaut sie mit klick-klick-klick durch und – KEINE Reaktion! Leicht verunsichert frage ich nach, wie es ihm gefällt. »Sie wissen doch, wenn ich nichts sage, ist das GUT. Aber hier hätten Sie noch ein anderes Bild nehmen können und da noch ein: »AAAAAAAAAAAAAAAAAAAAAAAAAAAAAAAAAAAAAAAAAH!« Wenn aber seine Sekretärin eine Schale Gummibärchen auf ihrem Tisch stehen hat, dann sollten Sie mal sehen, wie er seine Begeisterung in Worte fassen kann!!! Ich glaub's ja nicht!

Damit ich meinen Blutdruck wieder auf Normalmaß runterfahren kann, hier eine Checkliste (hatte ich schon gesagt, dass ich Listen liebe?) für Ihren aktuellen Firmenpräsentationsstatus:

- Startfolie mit Firmennamen und Logo
- Interessante Kurzvorstellung Ihres Unternehmens mit Fakten, Zahlen und Angaben zu Mitarbeitern und Standorten
- Wofür steht Ihre Firma (auf einer Folie)
- Überblick über Ihre Produktpalette
- Je nach Anlass mehr Informationen über Ihre Produkte (auch mittels Video oder Kundenbeispiel)
- Der Nutzen Ihrer Produkte sollte klar verständlich aufgeführt sein (Kosten-, Zeit-, sonstige Vorteile)
- Die Inhalte sollten ohne Harvard-Studium verständlich sein (Ausnahme: wenn Sie vor Harvard-Studenten eine Präsentation halten ...)
- Ihre Firmenpräsentation sollte auch in zehn Minuten möglich sein und Ihre Zuhörer sollten keinen Folienfilm präsentiert bekommen

Gerade beim letzten Punkt werden Sie immer wieder Schwierigkeiten bekommen. Mein Chef ist der Meinung, dass Präsentationen ja kurz sein sollten. Und spätestens zwei Tage vor wichtigen Präsentationen kommt er dann alle paar Minuten und fragt mich, ob diese Folie drin ist oder jene bestimmte Tabelle. Ich beruhige ihn dann immer und verweise aufs Back-up! Zur Beruhigung sind da dann alle Daten und Fakten, die er UNBEDINGT noch für die Präsentation dabeihaben muss. Wir hatten da auch schon über 50 Folien drin! Und soll ich Ihnen was sagen? Ich habe noch selten erlebt, dass vom Back-up mehr als zwei Folien benötigt wurden – daher »verschwinden« auch immer die Back-up-Folien auf wundersame

Weise. Wenn es der Beruhigung dient, dann ist Back-up erlaubt, der Stammfoliensatz kann aber gerne gleich bleiben!

Fangen wir bei den ersten Punkten an:

- Startfolie mit Firmennamen und Logo
- Interessante Kurzvorstellung Ihres Unternehmens mit Fakten, Zahlen und Angaben zu Mitarbeitern und Standorten
- Wofür steht Ihre Firma (auf einer Folie)
- Überblick über Ihre Produktpalette

Eine Startfolie mit Ihrem Logo und Ihrem Firmennamen ist immer sinnvoll. Manchmal muss man noch warten, bis man mit der Präsentation starten kann. In diesem Fall ist es gut, wenn man nicht den Bildschirmhintergrund sehen muss. Vielleicht interessiert das Publikum ja das private Familienfoto, oder das Foto von der letzten Kneipentour, aber das steigert nicht gerade die Seriosität Ihres Unternehmens. Mein Chef hatte da einen Faux-pas, als er seine Präsentation nicht finden konnte. Er hatte als Bildschirmhintergrund sein neuestes Spielzeug eingerichtet, einen PS-starken Flitzer, den er sich gerade erst gekauft hatte. Darin saß er mit breitem Grinsen und lächelte in die Kamera. Nachdem er seine Folien gefunden hatte, startete er damit, dass wir alle unseren Gürtel enger schnallen müssen. Sparen, sparen, und leider entfällt dieses Jahr das Weihnachtsgeschenk. Wir alle müssen mithelfen, dass das Unternehmen weiter bestehen kann und Arbeitsplätze gesichert werden. Oder Autositze einer Nobelmarke – für manche zumindest …

Starten Sie Ihre Firmenpräsentation spannend, denn am Anfang haben Sie die größte Aufmerksamkeit. Präsentieren Sie Ihr Unternehmen auf kreative Weise, die nicht nur aus aneinandergereihten Daten und Fakten besteht. Dann werden die meisten direkt abschalten und bekommen nicht unbedingt mit, wenn es wieder interessant wird. Zeigen Sie auf, wofür Ihr Unternehmen steht. Bringen Sie das auf einer Folie unter, denn hier gilt wie beim Elevator pitch: In 30 Sekunden sollten Sie erklären können, was Ihre Firma macht. Dazu reicht auch eine Folie aus. Weitere Inhalte und Erläuterungen folgen auf anderen Folien und können je nach Zielgruppe angepasst werden. Selbiges gilt für Ihre Produktpalette. Reißen Sie kurz die Tätigkeitsfelder oder Ihre Produkte an. Gehen Sie nicht zu sehr in die Details. Das kommt an späterer Stelle. Nämlich genau hier:

- Je nach Anlass geben Sie mehr Informationen über Ihre Produkte (auch mittels Video oder Kundenbeispiel).
- Der Nutzen Ihrer Produkte sollte klar verständlich aufgeführt sein (Kosten-, Zeit-, sonstige Vorteile).
- Die Inhalte sollten ohne Harvard-Studium verständlich sein (Ausnahme: wenn Sie vor Harvard Studenten eine Präsentation halten ...).

Sie werden schon selbst darauf gekommen sein: Bei *Crossover-Marketing* geht viel auf den Punkt zurück, dass Sie für alle verständlich kommunizieren. Selbst wenn Sie in hochkomplexen technischen Gebieten unterwegs sind, dann sollte das trotzdem der Otto Normalverbraucher verstehen können. Oder der Entscheider! Mitunter verfügt der Chef nicht über die Fachkenntnisse, um Ihr Produkt zu verstehen. Er ist allerdings derjenige, der den Kaufvertrag unterschreibt. Wenn er die Wahl hat zwischen einer ausgefeilten technischen Analyse eines Vergleichsproduktes und Ihrem Produkt, das er rundum gut versteht, was wird er tun? Wenn Sie Ihr Produkt überzeugend darstellen können, ohne sämtliche Fremdwörter zu benutzen, die Sie kennen, dann haben Sie gewonnen. Dann gibt es immer noch die Spezialisten, die Ihnen Fachfragen stellen werden. Das ist auch gut so, denn darauf werden Sie auch Antworten bereitgestellt haben. Die Kombination aus Fachkenntnis und Anschaulichkeit ist entscheidend. Selbst wenn Sie ausschließlich Experten am Tisch haben, die alle vom gleichen Fach sind, dann schaden anschauliche Beispiele keineswegs. Sie unterstützen zusätzlich Ihre Fakten. Benutzen Sie eine Sprache, die Sie auch im Alltag sprechen. Kommen da unentwegt lateinische Redewendungen oder Zitate von verstorbenen Persönlichkeiten vor? Wahrscheinlich eher selten. Passen Sie Ihre Präsentation entsprechend an und analysieren Sie die Reaktionen. Sie werden dabei den Weg, der zu Ihrem Unternehmen passt, finden.

- Ihre Firmenpräsentation sollte auch in zehn Minuten möglich sein und Ihre Zuhörer sollten keinen Folienfilm präsentiert bekommen.

Wenn mein Chef mal anfängt zu reden, dann können Sie sicher sein, dass erst mal mindestens eine halbe Stunde Pause angesagt ist. Der kann reden! Ohne Punkt und Komma! Aber er macht das durchaus spannend, das ist immer sehr unterhaltsam. Neben Geld verdienen ist sein zweites Talent Entertainment. Manchmal vermischen sich Dichtung und Wahrheit, aber das kann man nicht immer unterscheiden. Er macht das wirklich gut. Da kommen Hubschrauber, große Pools, Kasinos, schnelle Autos, Karrierewege vom Tellerwäscher zum Millionär und actiongeladene Szenen vor, auch mal traurige. Und immer hängt er als Person mit drin. Außer bei den Reichen, da schließt er sich immer ausdrücklich aus. Ich könnte mal wieder eine klitzekleine Pause vertragen, wo ist der Chef? Ich wollte ihn noch fragen, wie das damals …

Spannenden, faszinierenden Geschichten kann man stundenlang zuhören. Und den nicht spannenden? Wünschenswert ist, dass Ihre Firmenpräsentation unterhaltsam und faszinierend ist. Sie sollten Ihr Unternehmen sowohl in zehn Minuten als auch in einer Stunde präsentieren können. Dabei wird es schwieriger sein, das Wichtigste in zehn Minuten zu packen, denn das ist gar nicht so leicht. Am liebsten möchte man noch das und das und auch noch das sagen. Sollten Sie bei Unternehmenswettbewerben teilnehmen, ist es üblich, das Unternehmen kurz vorzustellen und dabei gleich auf die gewünschten Details einzugehen. Da hat man selten länger als zehn Minuten Zeit. Inklusive Zeit für Fragen. Fassen Sie Ihre Firmenpräsentation kurz. Wenn Interesse beim Publikum geweckt wurde, dann werden sicherlich Fragen kommen, die dann auch ausführlicher beantwortet werden können. Widerstehen Sie der Versuchung, dass Ihre erste Folie alle Fragen beantwortet und Ihr Unternehmen ganzheitlich erklärt. Wozu sollte dann noch eine Präsentation gehalten werden?

Zum Thema Präsentationen halten und gestalten gibt es eine Flut von Fachliteratur. Es lohnt sich immer, hier auf dem neuesten Stand zu sein. Vertrauen Sie aber auch auf Ihr Bauchgefühl. Überlegen Sie, was SIE persönlich bei anderen Präsentationen gut fanden und was – abgesehen von der rhetorischen Leistung – zum Erfolg beigetragen hat. Vielleicht erhalten Sie so Hinweise, die Sie in Ihrer Firmenpräsentation einbauen können. Bleiben Sie jedoch Ihrem Unternehmensstil und Ihrer Firmensprache treu.

Umsetzung – Ihre Firmenpräsentation sollte ...

- ... kein Folienfilm und nicht zu lange sein,
- ... alle Informationen beinhalten, die zum Verständnis Ihres Unternehmens wichtig sind,
- ... einen Überblick über Ihre Produktpalette geben,
- ... Daten und Fakten geeignet transportieren (gibt es dazu eine Erfolgsgeschichte?),
- ... allgemein verständlich sein und nicht zu 99 Prozent aus Fachjargon bestehen,

- ... Bilder beinhalten, damit sich jeder vorstellen kann, um was es geht,
- ...transportieren, wofür Ihr Unternehmen und Ihre Produkte stehen und welchen Nutzen sie für Ihre Kunden bieten,
- ... unterhaltsam sein und den Zuhörern keine wertvolle Zeit stehlen, sondern sie mit nützlichen Informationen über Ihr Unternehmen versorgen.

Es besteht ein Unterschied zwischen Ihren Broschüren und dem Pizza-Flyer

Pizza- und Döner-Flyer kennen Sie sicherlich. Die flattern ja mit einer beeindruckenden Regelmäßigkeit in unsere Briefkästen. Was sie alle gemeinsam haben: Sie lösen ein Hungergefühl in mir aus. Aber verständlicherweise sind sie qualitativ meist stark ausbaufähig. Das Papier ist in der dünnsten Gewichtsstufe und Sie können wetten, dass Sie mindestens einen Rechtschreibfehler entdecken. Die Hauptaufgabe eines solchen Flyers besteht darin, dass möglichst viele Speisen und Preise auf den wenigen Platz passen. Das Kleingedruckte mit den Zusatz- und Inhaltsstoffen erfordert eine hundertprozentige Sehschärfe beim Lesen von Ihnen. Egal, ich habe Hunger, will noch jemand eine Pizza bestellen?

Was am wichtigsten ist: Ähneln Ihre Firmenbroschüren den Pizza-Flyern? Oder sehen Ihre Broschüren so aus, als ob sie in den Achtzigerjahren entstanden sind? Die Frage ist tatsächlich ernst gemeint! Und mit dem Broschüren-Thema können Sie ganz vielen Leuten auf die Füße treten …

Auch ich war ein wenig angesäuert, als mein toller Entwurf für eine Unternehmensbroschüre auf wenig Anklang beim Chef stieß. Im Nachhinein muss ich sagen: Er hatte recht. Doch so weit war ich damals noch nicht. Vielleicht lag es an den 24 Seiten, die nicht ausreichten. Und den zusätzlich sechs weiteren Broschüren für die Produkte – jeweils auch mit 24 Seiten oder mehr. Vielleicht lag es ja an den seitenlangen Texten und den ganzseitigen Bildern, die ich ausgewählt hatte. Und der Verzicht auf Kurzzusammenfassungen. Und die fehlende Ahnung von Grafik und so. Wobei ich einen echt guten Geschmack habe! Aber leider muss ich zugeben, dass ich im Nachhinein auf keine so gute Lösung kam wie die Werbeagentur, die mir schlussendlich geholfen hat. Mein Chef war nicht so diplomatisch. Statt einer Reaktion kam nur: »Hier ist die Adresse einer Werbeagentur. Rufen Sie die an und schicken Sie denen den ganzen Kladderadatsch. Die sollen was Richtiges daraus machen.« Manchmal könnte ich ihn …

Geht es Ihnen selbst nicht auch so? Wenn Sie sich zwischen drei Lieferanten entscheiden, dann haben Sie doch oft die entsprechenden Unterlagen vor sich auf dem Tisch. Oder kommt Ihnen der Satz »Schicken Sie mir doch mal was zu!« bekannt vor? Was ist, wenn Sie selbst nichts zuschicken können? Was ist, wenn Sie Ihre vorhandenen Broschüren nur mit Widerwillen und Gesichtsentgleisungen überreichen können? Dann wird es Zeit für ein Gespräch mit Ihrem Chef und eine neue Position bei den To-do's. Sie sollten über eine Broschüre über Ihr Unternehmen und möglichst über Ihr Produkt verfügen. Erstaunlicherweise sind die Chefs da meistens zugänglich. Denn viele Chefs haben eines gemeinsam: Sie sind sehr eitel und lieben es, sich zu präsentieren. Wenn Sie allerdings vor Kurzem erst neue Broschüren in Auftrag gegeben haben, dann sollten Sie diesen Vorschlag nicht gleich in die Tat umsetzen. Ein Anlass für eine neue Broschüre kommt aber ganz bestimmt …

Grafiker gibt es wie Sand am Meer, Werbeagenturen auch und bei beiden ist es so, dass es Gute und Bessere gibt. Entscheiden Sie sich für die Besseren. Ihre Broschüren sollten Aktualität und Seriosität widerspiegeln. Weniger ist mehr, das gilt besonders beim Umfang der Broschüren. Nach leidvoller Erfahrung muss ich zugeben, dass es zwar eine große Herausforderung ist, ein Unternehmen auf sechs bis acht Seiten zu beschreiben, aber das ist völlig ausreichend. Und dabei ist es nicht notwendig, dass alle Seiten von oben bis unten voller Text sind. Da ist auch noch Platz für Bilder und leere Flächen! Das macht eine gute Agentur aus, die hier das Händchen für den richtigen Hinweis hat, sich für WENIGER zu entscheiden.

Zusammenfassungen und Aufzählungen an geeigneter Stelle helfen den Lese-Unlustigen, sich schnell mit den passenden Informationen zu versorgen.

Das Geld für eine professionelle Broschüre ist sehr gut angelegt. Auch hier gibt es Preisspannen von klein bis groß. Aber es reichen schon 2000 Euro, um ein gutes Fundament zu legen. Das ist der Türöffner für weitere Gespräche mit Kunden. Auch wenn sich vieles »paper-less« abspielt, es wird trotzdem oft zur Broschüre gegriffen. Da hat man was in der Hand und kann schnell durchblättern. Und für den, der es gerne paper-less mag, der kann die Broschüre als PDF zugeschickt bekommen oder selbst downloaden. Der Unterschied liegt dennoch in der Gestaltung. Wenn die Broschüre schlecht gemacht ist, dann ziehen Ihre Kunden Rückschlüsse auf Ihr Unternehmen. Wenn die englische Übersetzung der eines Englischanfängers gleicht, dann wird Ihr Kunde zu keinem positiven Urteil bezüglich Ihrer Firma kommen. Sollte es an den 2000 Euro scheitern, dann schauen Sie sich ganz genau die Broschüren an, die Ihnen gefallen. Analysieren Sie den Aufbau und die Anordnung der Texte und Bilder. Orientieren Sie sich daran und erstellen Sie daraufhin Ihre eigene Broschüre. Das ist immer noch besser, als gar keine Broschüre zu haben.

Apropos »passende Informationen«: Lesen Sie Ihre Broschüre mal aus Sicht eines Außenstehenden. Ist Ihre Firmenbroschüre eine reine Selbstbeweihräucherung oder stehen hier Informationen, die Ihren Lesern weiterhelfen? Sind die Produktbroschüren so selbsterklärend, dass bei deren Durchsicht verstanden wird, was das Produkt kann, wem es hilft und welchen Nutzen die Anwendung bringt? Meistens wird man ja recht betriebsblind, wenn man sich immer und immer wieder mit den gleichen Dingen und Produkten beschäftigt. Schreibfehler übersieht man leicht und die ganzen Textpassagen Ihrer Produkte können Sie wahrscheinlich schon im Schlaf herunterbeten. Das ist tricky! Denn hier brauchen Sie viel Sorgfalt. Auch das ist eine Basis, die man legen muss. Ich nehme mir oftmals Passagen aus unseren Produktbroschüren und erstelle einen Presseartikel über Features unserer Produkte. Das beleuchte ich von einer anderen Seite und schon – schwups! – ist der Artikel fertig. Aber dazu ist ein gutes Fundament wichtig. Die Produktbeschreibungen und Nutzenschilderungen müssen sitzen und auf den Punkt kommen. Eine saubere Arbeit an dieser Stelle spart an anderer Stelle viel Arbeit ein. Auch das gehört zum Handwerkszeug von *Crossover-Marketing*!

Wenn Sie eigene Verkäufer haben, dann werden sie sicherlich auch des Öfteren Ihre Broschüren zücken und damit den Kunden die Produkte erklären. Mein Chef liebt es ja, Broschüren an seine Besucher zu verteilen! Egal, ob der Besucher die Broschüren schon hat oder nicht. Ich war zufällig jedes Mal dabei, wie er ein und demselben Besucher bei drei verschiedenen Terminen alle Broschüren mitgegeben hat. »Kennen Sie schon unsere schöne, neue Broschüre? Die müssen Sie unbedingt mitnehmen! Fühlen Sie das Papier, sehen Sie, wie es glänzt! Nehmen Sie sie gerne mit! Und hier dieses Foto, da sehen Sie mich an meinem Schreibtisch. Der Fotograf hat ja …« Beim ersten Mal hat sich der Besucher ja noch gefreut. Beim zweiten Mal hat er mich verwundert mit einem Seitenblick angeschaut und beim dritten Mal hat er mit den Augen gerollt und eindeutige Kreisbewegungen mit seinem Finger auf Kopfhöhe gemacht. Der Chef hat es nicht gemerkt und hat unbeeindruckt seine Broschüre gelobt und sich darüber ausgelassen. Na ja, so ist er halt.

Was soll in einer Broschüre enthalten sein? Es gibt unterschiedliche Arten von Broschüren: Unternehmensbroschüren, Imagebroschüren, Produktbroschüren, Broschüren mit Anwendungsbeispielen, Broschüren mit Details zu Produktfunktionen usw.

Unabhängig davon, um welche Broschüre es sich handelt, sollten Sie sich an diese Punkte halten:

- Firmenadresse (ausgenommen bei Unternehmensbroschüren) und kurze Darstellung des Unternehmens
- Kurze Erläuterung der Produkte (bei Produktbroschüren zusätzlich noch weiter gehende Informationen)
- Anschauliche, professionelle und selbsterklärende Bilder
- Keine zu langen Textpassagen
- Allgemein verständlich und anschauliche Texte
- Kurzzusammenfassungen und Stichpunkte an geeigneter Stelle
- Hochwertige (und vom Kunden freigegebene) Kundenreferenzen, die das Ansehen Ihrer Firma und Ihre Kompetenz steigern
- Broschürenübersetzungen in andere Sprachen von einem Muttersprachler– kein »Denglisch«

Die erste Seite sollte grafisch gut gestaltet sein und den Wert Ihrer Firma widerspiegeln!

Gehen wir wieder der Reihe nach durch:

- Firmenadresse und (ausgenommen bei Unternehmensbroschüren) kurze Darstellung des Unternehmens
- Kurze Erläuterung der Produkte (bei Produktbroschüren zusätzlich noch weiter gehende Informationen)

Ihre Firmenadresse und Ihre Kontaktdaten sollten zu finden sein, falls der Interessent Verbindung zu Ihnen aufnehmen will. Eine kurze Darstellung Ihres Unternehmens in einem bis zwei Absätzen reicht normalerweise aus – es sei denn, es handelt sich um eine Unternehmensbroschüre. Dann sollten Sie weitere Details und Informationen zu Ihrer Motivation, Firmengeschichte, Wirtschaftszweig usw. bringen. Gehen Sie dann auf den eigentlichen Zweck

Ihrer Broschüre ein. Erläutern Sie Ihre Produkte so, dass der Leser das verstehen kann. Bedienen Sie den oberflächlichen Leser, der schnell verstehen möchte, um was es sich handelt. Bedienen Sie aber auch den Faktenleser, der sich kurz über die Vorteile informieren will.

- Anschauliche, professionelle und selbsterklärende Bilder
- Keine zu langen Textpassagen
- Allgemein verständlich und anschauliche Texte
- Kurzzusammenfassungen und Stichpunkte an geeigneter Stelle

Es gibt unterschiedliche Typen. Manche Menschen reagieren auf visuelle Reize, die brauchen keine langen Texte. Manche Menschen möchten möglichst vielschichtige Informationen lesen, dann ist viel Text erforderlich. Und dann gibt es noch diejenigen, die hellhörig werden, wenn sie bestimmte Schlagwörter, Fachtermini oder Firmennamen hören. Sie werden es nicht allen Gruppen recht machen können. Das wäre zu viel verlangt. Sie müssen auch nicht für jede Personengruppe eine entsprechende Broschüre aufbereiten. Auch das wäre zu viel verlangt – es sei denn, Sie haben genügend Zeit und Geld, dann nichts wie los! Verlassen Sie sich auf Ihre Erfahrung und behalten Sie Ihre Firmenphilosophie im Auge. Richten Sie Ihre Broschüren danach aus und halten Sie sich an allgemein verständliche Texte, die nicht zu lang sind. Platzieren Sie Zusammenfassungen und Stichpunkte, um die wichtigsten Informationen nochmals hervorzuheben. Fügen Sie professionelle Bilder ein. Es gibt viele Fotodatenbanken, in denen man für kleines Geld sehr gute Bilder kaufen kann. Zu nahezu allen Themen werden Sie Fotos finden. Diese Fotos werten Ihre Broschüre auf und verleihen Seriosität. Man schaut sich einfach gerne gute Bilder an. Vielleicht erreichen Sie dadurch noch weitere Interessenten.

- Hochwertige (und vom Kunden freigegebene) Kundenreferenzen, die das Ansehen Ihrer Firma und Ihre Kompetenz steigern

Kundenreferenzen sind gut und wichtig. Wir hatten das Thema schon beim Punkt Homepage betrachtet. Wenn andere gut über Sie und Ihr Unternehmen reden, ist das die Königsklasse! Dann haben Sie viel geleistet! Dann stimmen Produktqualität, Service und Preis. Sie werden weiterempfohlen – das sollte das Ziel sein. Sammeln Sie Referenzen und Statements zu Ihrem Unternehmen oder Ihren Produkten. Drucken Sie die freigegebenen Referenzen in Ihren Broschüren ab. Das verleiht Ihnen ein Gütesiegel und Anerkennung. So etwas wiegt mehr als die eigenen Worte. Nicht die Masse macht es, sondern die Qualität der Referenzen. Die Inhalte müssen passen. Ein »Finde ich gut« reicht nicht aus. Ihre Referenzpersonen sollten erklären, weshalb sie Ihr Unternehmen oder Ihre Produkte gut finden. Bewertungen zur Anwendung und Funktionsweise unterstützen die Aussagekraft. Ein persönlicher Bezug zum Produkt sollte vorhanden und beschrieben werden. Emotionale Erlebnisse oder Erfahrungen bringen nochmals eine zusätzliche Ebene, wodurch sich Kunden noch stärker angesprochen fühlen können. Nur nicht kitschig werden, das wäre zu viel des Guten.

- Broschürenübersetzungen in andere Sprachen von einem Muttersprachler – kein »Denglisch«
- Die erste Seite sollte grafisch gut gestaltet sein und den Wert Ihrer Firma widerspiegeln!

Setzen Sie bei den Broschüren *Crossover-Marketing* um. Wofür steht Ihre Firma? Welche Werte vertritt sie? Ihre Broschüren sollten das qualitativ hochwertig widerspiegeln. Die erste Seite der Broschüre ist gleichbedeutend mit dem ersten Eindruck, wenn man jemanden kennenlernt. Der erste Eindruck zählt und kann kaum noch revidiert werden, wenn er falsch war. Deshalb ist die erste Seite so wichtig. Nutzen Sie professionelle grafische Möglichkeiten. Ein Grafiker, der Sie unterstützt, oder Bilder aus Bilddatenbanken sind zu empfehlen.

Jeder kann Englisch. Der eine besser, der andere noch besser. Wenn Broschüren in Englisch oder anderen Sprachen erforderlich sind, wird gerne an den Kosten für eine professionelle Übersetzung gespart. »Das können wir doch selber! Wir sind doch nicht Krösus! Wo soll ich denn das Geld hernehmen?? Das wäre ja noch schöner – wo kommen wir denn da hin? Morgen kommen Sie dann mit einem eigenen Drucker und übermorgen mit einem eigenen Telefon. Also Zustände sind das!« So viel zu dem, was mein Chef dazu meinte. Er hatte dann die spannende Idee, dass sein Sohn sich in den Sommerferien etwas Geld dazuverdienen könnte. Er (gerade mal 13 Jahre alt) könne doch die Broschüre als Praktikant übersetzen. Hat er dann auch gemacht. Bei jedem zweiten Wort kam er zu mir, damit ich ihm die Übersetzung dazu heraussuchen sollte. In gleichem Befehlston wie sein Vater. Der Apfel fällt nicht weit vom Stamm. Ich habe zufällig sein Praktikantengehalt gesehen und brauchte hinterher psychologische Betreuung …

Umsetzung – Ihre Broschüren sollten …

- … zeigen, wer Sie sind und welche Produkte Ihr Unternehmen anbietet,
- … kurz und anschaulich mittels Text und Bild verdeutlichen, worin die Vorteile liegen und für welche Bereiche Ihre Produkte geeignet sind,
- … qualitativ hochwertige Bilder (und Übersetzungen) beinhalten,
- … zu Ihrem Unternehmensauftritt passen.

Super Vision, glasklare Strategie !! Und Sie sind der arme Teufel, der das umsetzen darf…

So, Ihre Chefetage hat sich mal wieder was ganz Tolles ausgedacht. Was ist es denn dieses Mal? Weltmarktführer? Branchenführer? Neue Segmente? Spitzenposition? Umsatzverdoppelung? Mehr, mehr, mehr und nochmals MEHR! Alles schön und gut, wenn das doch auch für mein Marketingbudget gelten würde … Tja, da hat der Chef mal wieder so wahnsinnig viele Ausgaben und die Ziele müssen erreicht werden. Wir haben ja schon so viel für das Marketing ausgegeben, also mehr geht nun wirklich nicht. Aber wer hat sich denn soeben einen neuen Firmenwagen rausgelassen? Wer hat denn den neuesten Laptop, das sicherlich NICHT in der gleichen Preisklasse ist wie mein fünf Jahre altes Teil auf meinem Schreibtisch? In meinem nächsten Leben werde ich Chef! Oder doch nicht, denn dann würde mich ja mein Marketingverantwortlicher ständig nerven, er möchte eine Budgeterhöhung. Und dann noch eine Messe und noch ein Agenturauftrag. Ja, geht's denn noch? Irgendwie müssen wir ja meine Ziele erreichen und ich habe ja schon so viel fürs Marketing ausgegeben. Also wirklich!

Auch wenn wir uns im Marketing manchmal für den Nabel der Welt halten – was ja auch so ist!!! –, so geht es doch darum, dass wir alles Notwendige bereitstellen müssen, damit Unternehmensziele auch erreicht werden können. Wenn der Vertrieb keine Produktunterlagen hat, kann er schlecht verkaufen. Wenn Firmenrepräsentanten ohne Firmenpräsentation auftauchen, dann kommt das nicht gut an. Und wenn die Firma im Internet nicht gefunden werden kann, wird es über kurz oder lang auch nicht zu weiteren

Aufträgen kommen. Es geht nichts ohne das Marketing, okay! Und weiter: **Alle Marketingmaßnahmen sind nur dann zielführend und sorgen für mehr Umsatz, wenn Sie sich an der Unternehmensstrategie orientieren!!!** Das ist immens wichtig! Sie können sich noch so sehr ins Zeug legen und Ihre Arbeit super machen, wenn Sie sich dabei nicht an den Firmenzielen orientieren, werden die Auswirkungen Ihrer Arbeit an der falschen Stelle ankommen.

Crossover-Marketing erfordert von Ihnen als Marketingverantwortlichem ein Über-den-Tellerrand-Schauen! Denken Sie strategisch! Behalten Sie die kurzen Erfolge im Auge, aber übersehen Sie dabei nicht die längeren Zeitspannen, die über mehrere Jahre gehen und zu größerem Erfolg führen. Seien Sie Visionär in Ihrem Feld. Sehen Sie sich als Marketingunternehmer! Richten Sie danach Ihre Tätigkeiten und Aktivitäten aus und Sie werden persönlich mehr Erfolg haben, weil Sie keinen Nullachtfünfzehn-Job machen. Vielleicht führt das zu zunehmenden Meinungsverschiedenheiten mit Ihrem Chef, weil er nicht sofort alle Ihre Maßnahmen nachvollziehen kann oder unterstützen möchte. Vielleicht erfordert diese Sichtweise, dass Ausgaben notwendig werden, die sich im kommenden Jahr nicht sichtbar auswirken. Aber führen Sie diese Diskussionen! Was wiegt stärker, eine heftige Auseinandersetzung oder der Erfolg, den Sie durch Ihre Arbeit verbuchen? Holen Sie Ihren Chef ins Boot und zeigen Sie Ihre Maßnahmen auf. Auch er muss strategisch denken, sonst wird er sein Unternehmen auf Dauer nicht auf Erfolgskurs halten können.

Mein Chef will mal wieder der Welt zeigen, wo der Hammer hängt! Zusammen mit seiner engsten Führungsriege hat er sich in ein Sitzungszimmer für drei Tage eingeschlossen – das hat er zumindest intern gesagt. Fragen Sie mal seine Sekretärin, was das übersetzt heißt: Luxushotel mit Spa und großem Weinkeller, natürlich gratis Weinprobe, Menüs vom 2-Sterne-Koch, nebenbei noch ein paar Besprechungen im hauseigenen Konferenz-Room und angegliedertem Golf-Parcours. Und dann hat er abends noch die Sau rausgelassen beim Kartfahren. Beim Champusregen entstand wahrscheinlich auch die Schnapsidee, dass wir mal wieder Branchenführer und Weltmarktführer mit unseren Produkten werden sollten. »Benchmark«, ist doch logo. »Der Konkurrenz den Hintern aufreißen« – er wurde noch drastischer, aber das will ich hier wirklich nicht wiederholen. Ich wollte das nicht mal hören! Gut und schön. Ich hab mal gleich nachgefragt: »Und wie wollen Sie das erreichen?« Tja, da war erst mal Schicht im Schacht. »Das ist Ihre Aufgabe. Machen Sie einen Strategie- und Maßnahmenplan. Langweilen Sie mich nicht! Ich kann mich ja schließlich nicht um alles kümmern. Wofür bezahle ich Sie eigentlich???«

Also haben sich Vertrieb und Marketing für drei Tage in ein Sitzungszimmer eingeschlossen. Natürlich bei uns im Büro, wo auch sonst? Mit kaltem Kaffee und belegten Brötchen und Keksen, die wir uns selbst kaufen durften. Waren ja keine Kunden dabei. Und nur bei Kundenbesuchen gibt es Kekse. Und nur wenn der Chef dabei ist, gibt es die GUTEN Kekse! Mit Ringen unter den Augen, zu viel Kaffee im Blut und Dutzenden von beschriebenen Blättern – wir sind noch nicht paper-less – haben wir uns zurechtgeschneidert, wie wir die ambitionierten Visionen umsetzen können. Wir reden aber nur von »umsetzen«, Ziele »erreichen« ist vielleicht was anderes … Wie sollen wir das in drei Monaten schaffen, für unser Produkt, das erst realistisch in sechs Monaten auf den Markt kommen wird, Weltmarktführer in Europa, Asien und natürlich auch Amerika zu sein???

Strategien gibt es ja wie Sand am Meer. Und jede ist NATÜRLICH besser, neuer und schneller als die vorhergehende.

Suchen Sie sich eine heraus. Egal welche. Es läuft doch immer wieder auf das eine Ziel heraus: erfolgreicher als die Konkurrenz zu sein. Welchen Weg Sie dabei gehen, bleibt Ihnen überlassen. **Wenn Sie aber tatsächlich erfolgreich sein wollen, dann sollten Sie diesen Weg konsequent gehen.** Die Umsetzung muss zu Ihrem Unternehmen passen. Sie müssen sich dabei wohlfühlen und Sie müssen dabei **motiviert** sein, Ihre Ziele zu erreichen. Das unterscheidet Sie von Ihrer Konkurrenz! Wenn Ihre Produkte gut sind, dann suchen Sie sich die geeigneten Wege, um sie zu vermarkten. *Crossover-Marketing*! Schauen Sie, welche Wege in anderen Branchen gegangen werden. Aber schauen Sie sich nur die BESTEN DER BRANCHE an! Beobachten Sie, analysieren Sie und wenden Sie das Erfolgsrezept auf Ihre Unternehmenssituation an. Sie werden das nicht eins zu eins nachmachen können, denn Ihr Unternehmen ist eine eigenständige Persönlichkeit! Es gibt kein allgemeingültiges Erfolgsrezept. Denn sonst wäre jedes Unternehmen erfolgreich und es gäbe keine Insolvenzmeldungen.

Konkret heißt das für Ihre Situation als Marketingverantwortlicher, dass Sie diese Schritte gehen sollten (wenn das nicht von anderer Stelle in guter Qualität bereits erledigt wird …):

- Sie kennen die Unternehmensziele, zumindest die für den Vertrieb.
- Sie wissen, welche Produkte auf welchen Märkten in welcher Stückzahl verkauft werden sollen.
- Sie kennen Ihren potenziellen Kundenkreis.
- Sie wenden eine Strategie an, die Sie bei der Umsetzung der Unternehmensleitziele auf konkrete, ausführbare Aktivitäten unterstützt.
- Sie arbeiten eine Handlungsstrategie aus, die vom Kundeninteresse bis hin zum konkreten Kauf Ihres Produktes reicht.

- Sie konzentrieren sich in all Ihren Aktivitäten auf das Zielsegment.
- Sie wissen, auf welche Veranstaltungen und Messen Ihre Kunden gehen werden.
- Sie überlegen sich, wann Sie zu welchem Anlass auf Ihre Kunden treffen, und halten schriftlich fest, welche Marketingmittel Sie dafür benötigen.
- Sie erarbeiten eine Strategie, welche Wege Sie zu Ihren Kunden gehen möchten (Verkaufsgespräche, Internet, Onlineshops, Telefonmarketing usw.), und halten schriftlich fest, welche Umsetzungsschritte dafür nötig sind.
- Sie erstellen ein Marketingbudget.
- Sie erstellen eine Liste mit den Schritten, die Sie zur Erreichung der Unternehmensziele gehen werden, und versehen Sie mit einem Zieldatum – die Liste gilt für ein Jahr.
- Sie brechen die Schritte auf einzelne Arbeitsschritte je Mitarbeiter herunter – sollten Sie keine Mitarbeiter haben, dann gilt die Liste eben in Summe für Sie allein …

Vergessen Sie bei alldem nicht, dass diese Schritte zur Zielerreichung gerne ambitioniert sein dürfen, aber sie müssen auch ERREICHBAR und UMSETZBAR sein! **Hier trennt sich die Spreu vom Weizen.** Was helfen supertolle Ziele, wenn Sie sie nicht erreichen können? Vielleicht hängt ja auch Ihre Zielerreichungsvereinbarung davon ab und damit bares Geld? Zeigen Sie Ihrem Chef, dass Sie die Welt bewegen können, und zeigen Sie auch, dass Sie das schon geschafft haben! Damit untermauern Sie **Ihre persönliche Erfolgsstory!** Wenn Sie nur auf Nummer sicher gehen, trägt das nicht zwangsläufig zu Ihrem Ansehen als Führungspersönlichkeit bei – wenn Sie Finanzbuchhalter sind, dann schon eher … Aber gehen wir die Punkte genauer durch:

- Sie kennen die Unternehmensziele, auch die strategischen Vertriebsziele.
- Sie wissen, welche Produkte auf welchen Märkten in welcher Stückzahl verkauft werden sollen.
- Sie kennen Ihren potenziellen Kundenkreis.

Crossover-Marketing funktioniert nur dann, wenn Sie Ihr Unternehmen wie Ihre eigene Westentasche kennen. Zudem ist der Ausgangspunkt für all Ihre Aktivitäten die Unternehmensstrategie. Sie müssen die Unternehmensziele und -ausrichtung kennen. Sie müssen wissen, wo die Vertriebsreise hingeht, damit Sie Marketing umsetzen können. Sobald Sie wissen, welche Produkte wo an wen verkauft werden sollen, können Sie entsprechend agieren. Dann werden Sie abschätzen können, ob Sie mehrsprachig kommunizieren müssen. Jedes Land erfordert eine gesonderte Vorgehensweise, denn unterschiedliche Kulturen und Sprachen führen zu unterschiedlichen Anforderungen. Sonst kann man sich aus Interessenten schnell Gegner machen. Sie kennen Ihre Kunden! Wir hatten das bereits beleuchtet. Wer sein Gegenüber kennt, weiß, wie er ihn ansprechen muss, damit er zuhört.

Die Absatzziele Ihrer Produkte zu kennen gibt Ihnen Aufschluss darüber, an welcher Stelle intensivere oder weniger intensive Marketingbemühungen wichtig sind. Läuft ein bestimmtes Produkt aus, dann braucht es nicht mehr die starke Werbeaufmerksamkeit als vergleichsweise eine Produktneueinführung. Lassen Sie diese Überlegungen in Ihre Marketingstrategie einfließen.

- Sie wenden eine Strategie an, die Sie bei der Umsetzung der Unternehmensleitziele auf konkrete, ausführbare Aktivitäten unterstützt.

- Sie arbeiten eine Handlungsstrategie aus, die vom Kundeninteresse bis hin zum konkreten Kauf Ihres Produktes reicht.
- Sie konzentrieren sich in allen Ihren Aktivitäten auf das Zielsegment.

Suchen Sie nach einer Strategie, die Ihnen hilft, Visionen und übergeordnete Strategien auf klare Handlungsfelder und Aktionen herunterzubrechen. Dabei können Sie sich an Prinzipien wie Zen, Lean, Hannibal-Strategie, Buddha-Strategie, Change-Management, Theory of Constraint Management oder wie sie alle heißen halten. Viele unterschiedliche Namen, Einflüsse unterschiedlichster Herkunft täuschen nicht darüber hinweg, dass es letztlich immer um den Weg zwischen Strategie und Handlung geht. In diesem Bereich gibt es sehr viel Fachliteratur, weil das ein schwieriger Weg ist. Hier kann man sich schnell verlaufen und in nicht zielführenden Details verlieren. Wählen Sie eine Strategie aus, die Ihren Überzeugungen gerecht wird und hinter der Sie stehen können. Wenden Sie diese Strategie konsequent an und bleiben Sie ihr über einen großen Zeitraum treu, damit Sie den Erfolg sehen können. Strategieumsetzung ist keine Tätigkeit, die sich von heute auf morgen auswirkt. Dazu braucht es Ausdauer und Weitsicht. Sie wechseln ja auch nicht von heute auf morgen Ihre religiöse Überzeugung oder den Fußballverein oder die Partei, die Sie favorisieren.

Erarbeiten Sie eine umsetzbare Handlungsstrategie, die bis zum Endkunden reicht. Wie können Sie Kundeninteresse hervorrufen? Wie kommt Ihr Produkt zum Kunden? Wie wird die Bezahlung und eventuell anfallender Service geregelt? Wo treffen Sie Ihre Kunden? In welcher Form sprechen Sie Ihre Kunden an? Der Weg muss nachvollziehbar sein zwischen »1000 Einheiten pro Monat in Norddeutschland verkaufen« und der Tatsache, dass Hans Müller ein Produkt im Tante-Emma-Laden auf Helgoland gekauft hat. Planen Sie diesen Weg in der Theorie. Wie erfährt Hans Müller von Ihrem Produkt und wie veranlassen Sie ihn dazu, es auch zu verkaufen? Wie kommt das Produkt zu Hans Müllers Tante-Emma-Laden? Diese Punkte lassen sich nicht nebenbei klären, sondern sind wichtige Schritte, die mit Bedacht überlegt und geplant werden müssen. Nehmen Sie sich hierfür die Zeit, für alle offenen Fragen Antworten zu finden. Hüten Sie sich vor »vielleicht« und »Wir werden dann schon sehen«. Sollten Sie Transportunternehmen benötigen, die Ihr Produkt von A nach B transportieren, dann müssen Sie die Vorschriften und Preise dafür kennen.

Zölle, Steuern, Reklamationen, unvorhersehbare Risiken, Gesetzesänderungen und nicht verkaufte Produkte dürfen Sie nicht aus der Bahn werfen und nicht Ihr Unternehmen gefährden. Wenn ein Kunde nicht kauft, liegt es unter Umständen an der Art und Weise, wie er von dem Produkt erfahren hat. Oder dass er schlicht und ergreifend gar nichts über Ihr Produkt oder über Ihr Unternehmen weiß. Verzetteln Sie sich nicht, indem Sie viele unterschiedliche Segmente gleichzeitig bearbeiten. Konzentrieren Sie sich auf das wichtigste Segment und bearbeiten dieses mit Nachdruck. Sollten Sie noch genügend Kapazitäten frei haben, verteilen Sie sie nach Rangordnung auf die verbleibenden Segmente. Ihre Budgetausgaben sollten diese Rangordnung berücksichtigen.

Wenn mein Chef sich mal an einer Sache festgebissen hat, dann hat man keine Chance mehr. Er fiel aus allen Wolken, als er einen vermeintlich sicher geglaubten Auftrag verlor. Ein indischer Geschäftsmann hatte sich mit ihm über seine Produkte unterhalten. Mein Chef war in Höchstform und hat alle Register gezogen. Am Schluss fragte er den Inder, ob er seine Produkte kaufen will. »Ja« war die Antwort und seither hatte er nichts mehr von ihm gehört. Jede Nachfrage lief ins Leere. Mein Chef hat zig Konferenzen einberufen, um Wege zu finden, wie er an den Geschäftsmann verkaufen kann. Wir haben schon Wetten abgeschlossen, wie lange er dieses Spielchen spielen will. Denn er war sehr resistent, wenn jemand versuchte, ihm zu sagen, dass er sich die Arbeit schenken kann. »Wir sollen nicht so schnell aufgeben. Wo kommen wir denn hin, wenn wir uns gleich ins Bockshorn jagen lassen? So werden wir nicht unsere Umsatzziele erreichen und dann soll sich aber keiner beschweren, wenn er keine Prämie bekommt!« Da kann man nicht helfen. Denn der Hinweis, dass in Indien ein Ja im Geschäftsleben nicht gleichbedeutend mit einem verpflichtenden Ja ist, hat den Chef nicht interessiert. Ein Ja dort soll den Geschäftspartner nämlich nicht vor den Kopf stoßen, ein Nein wäre zu unhöflich.

- Sie wissen, auf welche Veranstaltungen und Messen Ihre Kunden gehen werden.
- Sie überlegen sich, wann Sie zu welchem Anlass auf Ihre Kunden treffen, und halten schriftlich fest, welche Marketingmittel Sie dafür benötigen.
- Sie erarbeiten eine Strategie, welche Wege Sie zu Ihren Kunden gehen möchten (Verkaufsgespräche, Internet, Onlineshops, Telefonmarketing usw.), und halten schriftlich fest, welche Umsetzungsschritte dafür nötig sind.

Sobald Sie Ihre Zielmärkte festgelegt haben, werden Sie konkreter. Wie erhalten Sie Kontakt zum Zielkunden? Geht das über Messen, Veranstaltungen oder nur im direkten Kontakt zu Hause? Je nach Budget ziehen Sie einen Ausstellerstand auf dieser Veranstaltung in Betracht. Wenn kein Budget dafür vorhanden ist, dann gehen Sie als Fachbesucher auf diese Veranstaltung oder Messe. Knüpfen Sie Kontakte oder lernen Sie Ihr Kundenfeld als Beobachter kennen.

Überlegen Sie weiterhin, ob Sie bei irgendwelchen Festivitäten, Tag der offenen Tür oder sonstigen Gelegenheiten auf Ihre Zielgruppe treffen. Wie können Sie dafür sorgen, dass man dort auf Ihr

Produkt aufmerksam wird? Reicht ein Plakat, ein Aufsteller, oder bedarf es einer Aktion, die Aufmerksamkeit erzeugt? Es gibt viele Werbegeschenke, die schon für kleines Geld zu haben sind. Menschen lieben Geschenke. Verlosen Sie welche auf Ihrer Homepage oder Facebook-Seite (dazu kommen wir später). Wenn Sie ein kleineres Unternehmen haben, dann gehen Sie doch in die Fußgängerzonen der nächstgrößeren Stadt und machen dort auf sich aufmerksam. Beachten Sie allerdings notwendige Genehmigungen durch die Stadt. Neulich lief ich durch die Einkaufsstraße einer größeren Stadt. Es war viel los, man ließ sich vom Menschenstrom mittreiben. Auf einmal wuselte etwas Schwarzes durch die Menge mit einem riesigen Schrei. Direkt vor uns sprang ein ganz in schwarzem – sehr körperbetontem, hautengem – Anzug gekleideter Mann wild mit den Armen fuchtelnd an uns vorbei. In seinen Händen hielt er ein Werbeschild für ein Fitnessstudio aus der Nähe hoch. Zwei Sekunden später war er schon wieder weg. Das sorgte für Aufmerksamkeit und hat den Inhaber nichts gekostet – außer den Mut, sich selbst zu präsentieren. Ich kann mich noch deutlich an die Aktion erinnern und den Namen des Studios weiß ich immer noch.

Welchen Weg Sie gehen werden, hängt von Ihrer Unternehmenssituation ab. Hier sind Sie als Marketingverantwortlicher gefragt. Sie werden kein Erfolgsrezept finden. Vertrauen Sie auf Ihre Intuition und die Kenntnis Ihres Unternehmens. *Crossover-Marketing* bedeutet, dass Sie die Möglichkeiten Ihres Unternehmens ausloten und Ihre Vorteile nutzen. Das können entwicklungstechnische, technische, persönliche, ökologische oder sonstige Vorteile aufgrund der Örtlichkeiten oder was auch immer sein. Werden Sie kreativ und blicken Sie über den Tellerrand. Seien Sie offen für sich bietende Gelegenheiten. Warten Sie aber nicht ab, sondern werden Sie aktiv und suchen Sie nach Wegen. Sobald Sie Ihren Weg gefunden haben, halten Sie jeden einzelnen Schritt dabei fest, wie Sie Ihren Kunden begegnen. Nicht im Nachhinein, sondern planen Sie voraus. Legen Sie eine Strategie fest, wie, wo und wann Sie auf Ihre Kunden zugehen. Mit welchen unterstützenden Mitteln Sie arbeiten werden, Broschüren, Telefon usw. Überlegen Sie, welche Voraussetzungen noch geschaffen werden müssen.

- Sie erstellen ein Marketingbudget.
- Sie erstellen eine Liste mit den Schritten, die Sie zur Erreichung der Unternehmensziele gehen werden, und versehen Sie mit einem Zieldatum – die Liste gilt für ein Jahr.
- Sie brechen die Schritte auf einzelne Arbeitsschritte je Mitarbeiter herunter – sollten Sie keine Mitarbeiter haben, dann gilt die Liste eben in Summe für Sie allein …

Die nächste, feinere Stufe ist das Marketingbudget. Leiten Sie aus Ihrem strategischen Marketingplan die zu erwarteten Kosten ab und führen Sie sie detailliert auf. Recherchieren Sie im Internet nach Preisen und kalkulieren Sie Ihre eigenen Kosten. Prüfen Sie die Umsetzbarkeit und beschönigen Sie nichts. Zu erwartende Ausgaben, die Sie wissentlich zu gering ansetzen, helfen Ihnen nicht weiter. Darüber werden Sie an anderer Stelle wieder stolpern und es kann Ihnen Schaden zufügen.

Konkretisieren Sie Ihre Maßnahmen und splitten Sie die Aufgaben so detailliert wie möglich auf. Legen Sie für ein Jahr fest, welche Aktivitäten erledigt werden müssen. Wer macht was bis wann? Altes Spiel, altes Thema. Wenn Sie selbst derjenige sind, der für alles zuständig ist, dann sollten Sie umso mehr auf Umsetzbarkeit Wert legen. Auch Sie sind nur ein Mensch, auch Sie brauchen Ihren Schlaf und können nicht 100 Prozent des Tages arbeiten. Bleiben Sie realistisch. Sollten Sie nach der Umsetzung Ihrer Punkte noch Luft haben, dann können Sie Ihre Zeit immer noch mit vielen neuen Aufgaben verplanen. Erfahrungsgemäß kommt aber immer noch etwas hinzu, was man übersehen hat. Arbeiten Sie sukzessive an der Umsetzung Ihrer Marketingziele. Wenn Sie nachweisen können, dass Sie alles Erdenkliche in Ihrem Bereich getan haben, um die Unternehmensziele zu erreichen, dann sind Sie aus dem Schneider. Und nicht nur das, damit tragen Sie zum Unternehmenserfolg bei. Bei allen Kabbeleien mit dem Chef, sind wir nicht alle ein bisschen stolz, dass wir Marketingverantwortliche sind? Und können wir nicht auf das stolz sein, was wir schon alles erreicht haben? Sonst wären wir wahrscheinlich nicht Marketingverantwortliche! Erfolg funktioniert nur in den seltensten Fällen mit Däumchen-Drehen. **Harte Arbeit, ein strategischer Blick und den Pragmatismus, den man für die Umsetzung und Ausführung braucht – das sind die Erfolgsfaktoren, die *Crossover-Marketing* ausmachen!**

Umsetzung – von der Vision zur Marketingaktion:

- Sie kennen die Unternehmensziele und Vertriebsziele.
- Sie legen fest, wo Sie auf Ihre Kunden treffen und wie Sie den Kontakt bearbeiten.
- Sie erstellen Ihre Marketingstrategie, die sich aus den Unternehmenszielen ableitet.
- Sie erstellen ein Marketingbudget.
- Sie definieren konkrete Maßnahmen und Umsetzungszeitpunkte, die Sie aus Ihrer Marketingstrategie ableiten.
- Achten Sie auf Umsetzbarkeit!
- Arbeiten Sie konsequent und mit Nachdruck an der Umsetzung Ihrer Marketingziele.

BEREIT FÜR SOCIAL MEDIA MIT CROSSOVER-MARKETING? SIE SIND SCHON MITTENDRIN!

Sind Sie schon ganz gespannt, wie *Crossover-Marketing* für Social Media funktioniert? Wollen Sie einfach nur noch loslegen? Das ist gut, denn Sie sind schon mittendrin! Die vorigen Kapitel bildeten das Fundament für Ihre *Crossover-Marketing*-Aktivitäten! Das ist wie beim Klavierspielen: Nur wer die Tonleitern im Schlaf beherrscht, schafft auch die schwierigsten Klavierstücke! Ich erinnere mich noch mit Grauen an die letzte Weihnachtsfeier. Da hat sich doch mein Chef ein ganz tolles Highlight für uns ausgedacht. Ein klassisches Klavierkonzert! Vorgetragen von dem Wunderkind der Nation! Natürlich von seinem Sohn. Der hatte seit sage und schreibe vier Monaten Klavierunterricht bei der vermutlich teuersten Klavierlehrerin auf Erden. Zweimal die Woche fährt sein Au-pair mit ihm 40 Kilometer weit, um sein natürliches Talent zu fördern. Das Weihnachtslied, das er vortrug – ich komme bis heute nicht drauf, was es gewesen sein könnte. »Sie werden es SOFORT erkennen!« vom Chef half auch nicht weiter. Seinem Sohn mache ich gar keinen Vorwurf. Der hätte wohl lieber sein Handyspiel weitergespielt, als uns was vorzutragen. Es hat ein bisschen so ausgesehen, als ob seine Mutter ihn regelrecht zum Klavier gezerrt habe. Ich könnte mich auch getäuscht haben, die Drohrufe vom Chef waren so laut. Wir haben natürlich alle mit Standing Ovations applaudiert. Der Chef und seine Frau mussten das eine oder andere Tränchen wegwischen. Und wir hatten auch was davon: Der Chef spendierte doch tatsächlich jedem von uns ein halbes Gläschen Sekt! Dass wir das noch erleben durften!

Jetzt müssen Sie entscheiden, ob Sie Ihr Fundament sicher gebaut haben, um für Social Media bereit zu sein. Wenn Sie das mit Ja beantworten können, dann sind Sie bereit, um CROSS-OVER zu gehen. Gehen Sie aktiv und mit sicheren Schritten in die Social-Media-Welt! *Crossover-Marketing* bedeutet, dass Sie die klassischen Marketingaktivitäten um Social Media erweitern. Nicht einfach nur so, weil das alle tun. Nein! Sondern so, wie es zu Ihrem Unternehmen passt! Es geht nicht darum, in ALLEN Kanälen auffindbar zu sein. Es geht darum, dass Sie den Kanal nutzen, der zu Ihnen und Ihren Kunden passt. Wenn Sie einen sicher beherrschen, erst dann gehen Sie zum nächsten weiter. Nichts ist nervender und langweiliger als ein Facebook-Auftritt, der nur aus einem Bild und sonst nichts besteht. Keine Information, kein Post, kein Nichts. Da geht man einmal hin, und das war's dann. Bei *Crossover-Marketing* gilt für jeden Schritt: gutes Fundament, perfekte Ausführung und konsequentes Dranbleiben. Agieren Sie als Marketingunternehmer: Bearbeiten Sie Ihr jeweiliges Feld mit Nachdruck und Erfolgsaussicht. Eine Wischiwaschi-Bearbeitung kostet Sie Zeit, bringt aber gar nichts! **Behalten Sie immer die Ziele Ihres Unternehmens im Auge. Achten Sie immer darauf, dass Sie Ihren Kunden in allgemein verständlicher Sprache begegnen. Sorgen Sie dafür, dass Ihre Kunden einen Mehrwert davon haben, wenn Sie Ihnen im Internet oder in natura begegnen und Ihre Produkte kaufen.** Wenn Sie das bei jeder Aktivität beherzigen, dann leben Sie *Crossover-Marketing*!

Um Ihnen eine Entscheidungshilfe an die Hand zu geben, welcher Social-Media-Kanal zu Ihrer Unternehmenssituation passen könnte, werden wir einen kurzen Blick auf ausgewählte Kanäle werfen. Es gibt sehr viele Möglichkeiten, Social Media zu betreiben, aber dafür ist eine gewissenhafte Bearbeitung notwendig. Der Faktor Zeit spielt eine Rolle, und davon gibt es bekanntlich nie genug.

Daher schauen wir uns wenige Kanäle an, die aus meiner Sicht am leichtesten bearbeitet werden können und dabei schnell zu mehr Aufmerksamkeit in der Onlinewelt führen können. Der finanzielle Aufwand hält sich in Grenzen und ist bei Bedarf jederzeit nach oben ausweitbar. Die Möglichkeiten, die ich aufzeige, sollen besonders Unternehmen dienen, die über kein großes Marketingbudget verfügen und dennoch erfolgreich Social Media betreiben wollen. Sie als Marketingverantwortlicher sind nicht außen vor, nur weil Sie keine Agentur haben, die Ihnen die Social-Media-Arbeit abnimmt. Sie müssen auch nicht Grafiker, Videoregisseur, Journalist, Fotograf, Programmierer und Art Director in Personalunion sein, um Social Media zu betreiben. Es genügt der Wille, sich mit den Kanälen auseinanderzusetzen, und die Bereitschaft, sich aktiv damit zu beschäftigen. Überlegen Sie, welcher Kanal zu Ihnen passt, und dann gehen Sie einen Schritt nach dem anderen. Es ist noch kein Meister vom Himmel gefallen – die Übung macht es.

Facebook beendet die Einbahnstraßen-Kommunikation

Was ist eigentlich Facebook und wo liegen die Vorteile für Ihr Unternehmen? Die Facebook-Community wird jetzt wahrscheinlich nicht begeistert sein, aber letztlich stellt sich doch die Frage nach dem Profit. Was bringt es Ihrem Unternehmen wirtschaftlich, sich auf Facebook zu engagieren? Mein Chef fragt mich das auf jeden Fall. »Haben wir nur eine müde Mark mehr verdient, seitdem Sie mein Geld mit Facebook zum Fenster rausschmeißen?« Leider kommen keine Millionen in die Kasse, nur weil Sie ein Facebook-Konto eröffnen. Facebook ist ein wichtiger Bestandteil, wenn wir über Social Media sprechen. Hier können Sie Ihren Lesern auf einer eigenen Seite online kurze Nachrichten zukommen lassen. Die Leser, die Ihren Facebook-Auftritt toll finden, heißen übrigens »Fans«. Ihre Nachrichten werden nach Aktualität geordnet angezeigt und können Bilder, Videos, Links zu anderen interessanten Internetseiten enthalten oder einfach aus Ihrem eigenen kurzen Text bestehen. Sie TEILEN interessante Dinge. »Teilen« ist ein wichtiger Begriff bei Facebook. Es geht ums Teilen, schenken und interessante Inhalte anderen Lesern zur Verfügung zu stellen. Da wird das Thema Profit schwierig. Beim Schenken erwartet man keine Gegenleistung, aber als Unternehmen kann man davon nicht leben. Hier beginnt die Schwierigkeit, dem Chef klarzumachen, dass Facebook dennoch ein wichtiger Kanal für Ihre Marketingaktivitäten sein sollte. Wenn Sie nachher sehen, was Sie mit Facebook machen können, dann wird Licht ins Dunkel kommen.

Sie können eine eigene Unternehmensseite in Facebook mit Logo, Titelbild und allgemeinen Informationen zu Ihrem Unternehmen anlegen. Reine Textteile und Informationen treten allerdings in den Hintergrund, es geht vorrangig um Bilder und witzige Inhalte. Auf Ihrer Seite können Sie Nachrichten veröffentlichen, die dann als aktuellste Meldung im oberen Bereich angezeigt wird. Diese Nachrichten heißen »Posts«. Nachrichten veröffentlichen nennt man dann »posten«. Im Gegensatz zur Homepage können Sie Ihr Unternehmen auf Facebook von einer anderen Seite zeigen. Erlauben Sie Ihren Kunden einen Blick hinter die Kulissen. Wer sind Sie wirklich? Was verbirgt sich hinter dem Firmennamen und den kontrollierten Nachrichten, die Sie via Homepage an die Öffentlichkeit bringen?

Mit Facebook treten Sie aus dem Schatten und aus der Komfortzone. Jede Ihrer Nachrichten kann von den Fans und Nicht-Fans kommentiert und bewertet werden. Sie können Kritik bekommen und geben, die Sie niemals Ihrem Chef von Angesicht zu Angesicht sagen würden. Und das Schöne dabei: Ihr Chef muss sich das sogar anhören und lesen. Und mit ihm alle, die auf Facebook zugreifen können, wenn Sie Ihre Meldungen für die Öffentlichkeit zugänglich machen. Das ist genau der Grund, weshalb viele Unternehmen Facebook als eigenen Kanal meiden. Die Gefahr, negative Kritik zu erhalten und damit Schaden auf das Firmenimage zu ziehen, ist vorhanden. Dabei verzichten diese Unternehmen auf die Chance, sich über Facebook zu profilieren und den aktiven Kundenkontakt zu leben. Hier kann man gute Anregungen bekommen, wie man sich als Unternehmen und seine Produkte verbessern kann. Vielleicht existieren Schwachstellen, die Sie nicht kennen, weil Ihre Kunden diese Information nicht an Sie zurückspiegeln. Stattdessen gehen sie zu einem anderen Anbieter und Sie wissen nicht einmal, weshalb, und können auch nicht darauf reagieren. Anders bei Facebook: Sie können auf Kritik reagieren! Direkt und unmittelbar. Antworten Sie Ihren Fans, das ist bei Facebook üblich. Ihr Unternehmen wird aktiver Gesprächspartner und entfernt sich von der Einbahnstraßen-Kommunikation. Kommunikation im Sinne von Dialogen wird mit Facebook möglich.

Es ist ein schönes Erlebnis und eine Erfolgsbestätigung, wenn Sie den ersten »like« erhalten. »Gefällt mir« zu Deutsch. Der berühmte Daumen, der nach oben zeigt. Likes können Sie für Ihre Posts erhalten. Das könnte die Nachricht sein, dass Sie demnächst ein neues Produkt veröffentlichen. Oder ein Foto vom Kollegen, der für alle eine riesige Torte zum 30. Geburtstag mitgebracht hat. Oder ein Video von der letzten Betriebsfeier, ein Foto von der verkümmerten Büropflanze, die während des Urlaubs keiner gegossen hat, oder … Ihnen fallen sicherlich genügend Dinge ein, die Sie posten können. Interessante Posts rufen Reaktionen bei den Lesern und Fans Ihrer Facebook-Seite hervor. Im besten Fall wird Ihr Post mit einem »like«, dem Daumen nach oben, belohnt. Auch

Ihre gesamte Unternehmensseite kann mit »Gefällt mir« bewertet werden. Das ist das Sahnehäubchen, das Tüpfelchen auf dem i. Damit abonniert derjenige, der Ihre Seite geliked hat, Ihre Meldungen. Automatisch erscheint in seinem Facebook-Konto Ihre Meldung, wenn Sie veröffentlichen. Wenn er Ihr Foto oder Ihr Post mit »Gefällt mir« belohnt, dann sehen das die Personen, mit denen er wiederum verbunden ist. Dadurch kann Ihre Meldung schnell Hunderte und Tausende Leser erreichen, die gar nicht direkt auf Ihrer Seite waren. Das ist das Resultat des Teilens.

Sie können analysieren, wie gut Ihre Posts ankommen. Am Rand Ihrer Facebook-Seite sehen Sie, wenn Sie eingeloggt sind, einen Statistikbereich. Sie können sich viele unterschiedliche Statistiken anzeigen lassen. Spannend ist, wie oft Ihr Post angesehen wurde und wie oft er weitergegeben wurde. So erhalten Sie Hinweise darauf, was Ihre Fans interessiert. Hier erscheinen die Personen, die Fan Ihrer Seite sind und wie viele Fans Sie haben. Fans zu erhalten ist wichtig. Nicht auf Teufel komm raus und nicht wie beim Stimmensammeln bei einer Wahl. Ihre Fans sollen Ihre Seite liken, weil sie einen Mehrwert darstellt. Das wird Ihnen langfristig Erfolg bescheren. Dieser Erfolg sieht so aus, dass Sie als interessantes Unternehmen wahrgenommen werden und sich eine langfristige Kundenbeziehung entwickelt oder festigt. Viele Jugendliche und junge Erwachsene sind Facebook-Profis. Das sind unter Umständen Ihre Mitarbeiter von morgen! Mit Facebook können Sie Bewerber erreichen, ohne teure Anzeigen in Fachblättern zu schalten. Hier können Sie sich als interessantes Unternehmen präsentieren, in dem sich Mitarbeiter entfalten können und mit Spaß bei der Sache sind. Ein Unternehmen, in dem man gerne arbeiten möchte.

Es gibt eine Sache, die Sie sich als Marketingverantwortlicher zu Herzen nehmen sollten: Bleiben Sie authentisch und behalten Sie die Kontrolle über die Facebook-Aktivitäten. Sie sind verantwortlich für das Erscheinungsbild nach außen. Das gilt genauso für Facebook. Sie können schnell Hunderte und Tausende von Menschen erreichen. Da sollte auch die Art und Weise, wie kommuniziert wird, passen. Humor ist gut und erwünscht, Firmengeheimnisse dürfen aber nicht ausgeplaudert werden. Das schnelle Erreichen von vielen Menschen, möglichst zukünftigen Kunden, ist der Vorteil von Facebook. Sie können Ihre Fans über aktuelle Produkte und Produktneuerungen schnell und direkt informieren. Da muss keine Broschüre gedruckt und verteilt werden, die mit Kosten verbunden ist. Was Geld kostet, ist Ihre Zeit. Die Zeit, die Sie als Marketingverantwortlicher in Facebook investieren. Der Gegenwert ist die Außenwirkung und die Wahrnehmung Ihres Unternehmens in der Öffentlichkeit. Rechnen Sie den Gegenwert aus, den Sie durch Broschüren, Anzeigen, Telefonate, Konferenzen usw. finanzieren müssten. Hier erhalten Sie die Antwort, wie es sich rechnet. Facebook ersetzt diese Aktivitäten nicht, unterstützt jedoch Ihre Marketingaktivitäten in starkem Maße. Es kann ihnen einen Push verleihen, der Ihr Unternehmen nach vorne bringt. Die Möglichkeiten, die sich ergeben können im Vergleich zum Einsatz – keine Anmeldekosten –, sind fantastisch!

Youtube sagt mehr als 1000 Worte

Youtube erfreut sich besonderer Beliebtheit. Auf diesem Videokanal werden täglich unzählige private, professionelle und Firmenvideos hochgeladen. Ganze Filme kann man hier finden, die nur für Youtube produziert wurden. Man braucht ein Youtube-Konto, und schon kann man seine Videos hochladen. Wirklich jeder kann dieses Video anschauen, dazu ist keine Anmeldung nötig. Was spannend ist: Die Anzahl der Views, also wie oft das Video angeschaut wurde, steht direkt darunter. Jeder Klick erhöht den Adrenalinspiegel des Produzenten und wenn die Millionengrenze überschritten ist, ist das schon ein großer Erfolg! Auch hier hat man die Möglichkeit, eine Unternehmensseite anzulegen. Kurze Informationen zu Ihrem Unternehmen und das Verlinken auf Ihre Homepage sind vorgesehen. Zu jedem Video kann ein erklärender Text eingefügt werden. Der Videotitel ist wichtig, um Zuschauer anzulocken. Anhand des Titels kann der Besucher sofort erkennen, ob er das Video anschauen will oder nicht – das sollten Sie berücksichtigen. Außerdem wird er dann in Videovorschlägen zum gleichen Thema auf einer anderen Youtube-Seite angezeigt. Ein weiterer Vorteil, der Ihnen Zuschauer bringen kann. Kosten fallen keine an. Zuschauer müssen sich nicht bei Youtube anmelden, um die Videos zu sehen. Das sind gute Punkte, die für ein Aktivwerden auf Youtube sprechen.

Was spricht dafür, sich als Unternehmen auf Youtube zu engagieren? Videos aus dem letzten Urlaub sind gut für eine private Youtube-Seite, auf einer Unternehmensseite sollten jedoch andere Inhalte erscheinen. Hier haben Sie die Möglichkeit, Ihr Produkt im Einsatz zu zeigen. So kann ein Interessent schnell auf Youtube nachschauen, über welche Funktionsweisen Ihr Produkt verfügt. Das ist anschaulicher als Abmessungen, Farbvarianten, notwendiger

Strombedarf, Anschlüsse, Waschvorgaben oder sonstige Produktinformationen nur zu lesen. Hier fallen Kommunikationsbarrieren, denn ein Bild sagt mehr als 1000 Worte. Sie können das Video auch zu Präsentationszwecken in Ihren Kundengesprächen heranziehen. Oder auf Facebook einen Link zu Ihrem Video posten. So können Sie die Verbreitung Ihrer Informationen beeinflussen. Selbst wenn bei Werbung im Fernsehen weggeschaltet wird, können Ihre Zuschauer im Gegensatz dazu Ihre Werbevideos gerne anschauen. Denn sie müssen sich nicht der Werbung wehrlos aussetzen, sondern haben die freie Wahl, Ihre Werbung zu sehen.

Crossover-Marketing heißt für Youtube, dass Sie einen Mehrwert zur Verfügung stellen, der im Einklang mit Ihrer Unternehmensstrategie steht. Ein Videokanal kann der Weg zum Kunden sein, den Sie durch andere Medien nicht schaffen, weil das Budget fehlt. Wenn Ihre potenziellen Kunden nur deshalb nicht bei Ihnen kaufen, weil Sie Ihr Unternehmen und Ihr Produktangebot nicht kennen, kann Youtube Abhilfe schaffen. Sollte Ihr Produkt auf Ihrer Homepage schwer darstellbar oder nur durch lange Texte erklärbar sein, kann Youtube ebenfalls ein Hilfsmittel sein.

Meistens beginnen Youtube-Aktivitäten mit den sogenannten Tutorials. So heißen die ersten Schritte, die via Video erklären, wie man ein Produkt bedient. So etwas wie eine Bedienungsanleitung als Video. Dafür wird Youtube gerne zurate gezogen. Wenn Sie schon einmal an einer Möbelaufbauanleitung verzweifelt sind, weil Stecker B und Schraube A nicht zu unterscheiden sind, können Sie auf Youtube gehen und sich das ganz einfach zeigen lassen. Das erspart Ihnen als Unternehmen Anrufe erboster Kunden und bedeutet einen Service, der einen Mehrwert darstellt. Kosten fallen lediglich für die Videoerstellung an. Hier können Sie natürlich professionelle Agenturen und Schauspieler bei entsprechendem Budget einsetzen. Das ist aber nicht nötig. Denn in Tutorials dürfen ganz normale Personen auftauchen. Das wirkt sympathisch und es geht ja auch mehr um die Erklärung als um die schauspielerischen Fähigkeiten.

In Videos haben Sie die Möglichkeit, schwierige Sachverhalte leicht verständliche zu präsentieren. Anschaulich – darum geht es. Sie sollten die Zeit Ihrer Zuschauer nicht überstrapazieren, es reichen eineinhalb bis zwei Minuten Filmmaterial. Es gibt kostenlose Programme, mit denen man Filme leicht erstellen kann. Sie sehen, auch hier sind die Kosten überschaubar. Wenn Ihr Video so interessant ist, dann sind die Zuschauer gerne bereit, Ihr Video per Link zu verteilen. Das beschert Ihnen schnell viele Zuschauer und damit auch Bekanntheit. Manchmal weiß man nicht so recht, warum gerade dieses oder jenes Video viele oder gar keine Zuschauer erhält. Gesetzmäßigkeiten gibt es nicht wirklich, aber je lustiger oder spektakulärer das Video, umso schneller wird es verteilt. Und es gibt ja auch die Kollegen, die gerne mal ein Video per Rundmail verteilen.

Blogger sind die neuen Sternchen

Wie aus dem Nichts erobern neue Sternchen die Bühnen: Blogger! Blogger werden zu neuen Experten in allen möglichen Bereichen. Fashion-Blogger sitzen in der ersten Reihe der großen Modenschauen, um ihren Lesern schnell und aus erster Hand neueste Infos zu den angesagten Labels zu schreiben. Die Designer laden sie dazu höchstpersönlich ein. Food-Blogger bringen Tausende von Rezepte unter die Fans und setzen Trends, wie der angesagte Cupcake aussehen soll. Blogger sind Menschen, die aus ihrem Hobby eine Berufung gemacht haben. Sie schreiben im Internet über Themen, die sie interessiert und die sie bewerten oder hinterfragen. Mehrmals in der Woche berichten sie in leichter, lockerer Sprache über dies und das. Je nach Thema kommen gut und gerne Tausende von Fans zusammen und verleihen manchen Bloggern bereits Kultstatus – ein gefundenes Fressen für das Fernsehen, denn hier sind die neuen Sternchen gerne bereit, vor laufender Kamera zu berichten. Blogger müssen nicht notwendigerweise Journalisten sein, oftmals kommen sie aus allen möglichen anderen Bereichen.

Blogger sind meistens unabhängig und legen auf diesen Zustand viel Wert. Sie wollen in ihren Blogs unabhängig und ohne Autorität Themen kritisch beleuchten. Oder einfach mal Dampf ablassen. Oder über irgendwelche Erlebnisse berichten. Blogs sind Tagebücher im Internet. »Weblog« ist der ursprüngliche Begriff, also eine Art Logbuch, das man aus der Schifffahrt kennt, nur im Internet. Viele Unternehmen haben bereits Blogs auf ihren Seiten eingerichtet. Mittlerweile schießen Fachblogs von Beratungsunternehmen oder Verlagen wie Pilze aus dem Boden. Die Blog-Gemeinde hält nicht viel von Unternehmensblogs, denn im Normalfall möchten Firmen damit Produkte verkaufen und letztlich Geld verdienen. Das unterwandert die Ausrichtung und die Philosophie des ursprünglichen Bloggedankens. Manche Blogger distanzieren sich ausdrücklich von Firmenblogs.

Als Unternehmen steht man natürlich vor der Aufgabe, Geld zu verdienen und wirtschaftlich zu handeln. Daher wird ein Unternehmen einen Blog sicherlich nicht aus reiner Nächstenliebe einrichten. Mehrere Ziele werden sich dahinter verbergen: einen guten Weg zu finden, um Kundenkommunikation zu ermöglichen, Kundenbindung zu erreichen und sich als Unternehmen zu empfehlen. Das sollte dazu beitragen, Produkte zu verkaufen und schließlich Geld zu verdienen. Außerdem hilft es dabei, in der Google-Suchliste nach oben zu wandern. Butter bei die Fische, so ist das.

Leser eines Unternehmensblogs wissen das und kommen dennoch gerne wieder, weil sie interessante, nützliche oder unterhaltsame Informationen finden. Das ist der große Vorteil eines Blogs: Die Leser kommen von selbst auf Ihr Unternehmen zu und informieren sich freiwillig! Sie werden dazu nicht gezwungen, sondern sie lesen Ihre Beiträge, weil sie einen Mehrwert enthalten. Jeder Beitrag kann von den Lesern kommentiert werden, das macht einen Blog aus. Darauf sollte das Unternehmen auch antworten. So entstehen Dialoge zwischen potenziellen Kunden und dem Unternehmen. Diese Kontakte würden ohne das Medium Blog nur unter schwierigeren und auch kostspieligeren Umständen zustande kommen – wenn überhaupt.

Das ist der Grund, weshalb Sie einen Blog in Erwägung ziehen sollten. Wo das Thema Budget knapp ist, überwiegen die Vorteile eines Blogs. Die Barrieren sind gering, die Möglichkeiten sind hingegen groß. Mit der richtigen Tonalität und geeigneten Themen können Sie schnell viele Leser erreichen. Dazu brauchen Sie kein Prospekt, kein Telefonmarketing und keine Werbegeschenke. Verlinken Sie Ihre Homepage mit dem Blog, so werden Ihre Kunden auf den Blog aufmerksam. Sie müssen kein Journalist sein, um gute Blogbeiträge zu erstellen. Hier sind die Anforderungen anders. Es geht um authentische Berichte, die nicht aus verschachtelten Sätzen oder endlosen Fremdwörtern bestehen. Der Schreibstil entspricht weitestgehend dem gesprochenen Satz – so wie Sie mit Freunden reden würden. Als Marketingverantwortlicher werden Sie hier neu herausgefordert. Denn dieser Schreibstil kommt weder auf Ihrer Homepage noch in Ihren Prospekten vor. Hierauf muss man sich neu einstellen und sich auch als Unternehmen auf diesen Ton einlassen. Die Grenze zur unangebrachten Sprache ist schnell überschritten, daher heißt es den richtigen Weg finden. Weder zu sachlich noch zu umgangssprachlich.

Es gibt unterschiedliche Arten von Blogs. In Unternehmensblogs werden Berichte rund um das Unternehmen veröffentlicht. Inhalte sind keine Werbung oder Produktbeschreibungen, sondern Erlebnisse. Das dürfen natürlich auch Erlebnisse mit den unternehmenseigenen Produkten sein. Die Autoren sind Mitarbeiter oder gehören der Geschäftsleitung an. Dann gibt es Blogs zu Fachthemen. Hier kommen wissenschaftliche Beiträge vor oder Fachbegriffe werden erläutert. Da darf man als Fachfremder auch mal Bahnhof verstehen. Blogs zu speziellen Ereignissen sind eine weitere Kategorie. In sich abgeschlossene Phasen wie Auslandsaufenthalte, Sportereignisse, Katastrophen, Projekte oder Naturereignisse können Anlass für diese Blog-Kategorie sein.

Je nach Bloganbieter werden unterschiedliche Themenbereiche angezeigt, zu denen Beiträge vorliegen. Die Blogsoftware bietet eine Vielzahl von Darstellungsarten und Designs, die befüllt werden kann. Die neuesten Blogs erscheinen zuoberst. Fotos und Videos können eingebunden werden. Blogs zu erstellen ist ohne Kostenaufwand möglich. Kostenlose Blog-Software wird zum Download angeboten und dann kostet es nur noch Ihre Arbeitszeit, bis ein Blog steht. Die Software ist leicht zu verstehen und mit wenigen

Handgriffen lässt sich eine Unternehmensblogseite einrichten. Logos können eingebunden werden. Damit können Sie Ihre Blogseite optisch mit einigen Handgriffen an Ihre Unternehmenshomepage anpassen.

Blogs bieten Unternehmen den Vorteil, dass sie sich als Kenner eines speziellen Fachgebiets präsentieren können. Außerhalb der Homepage mit einem persönlicheren Bezug. Im Vergleich zu Facebook kann man längere Beiträge veröffentlichen, die den Leser auf einer anderen Ebene ansprechen. Der Kundendialog ist nicht nur technisch möglich, sondern ausdrücklich erwünscht. Hier kann der Kunde auf gleicher Augenhöhe mit Ihrem Unternehmen kommunizieren und sich ernst genommen fühlen – eine wichtige Voraussetzung für eine enge Kundenbeziehung. Zudem haben Sie die Chance, mögliche Problemfelder oder neue Kundenanforderungen in Bezug auf Ihr Produkt herauszufinden. Wenn Sie den Dialog pflegen, können Sie unter Umständen nützliche Hinweise erhalten, wo es Verbesserungspotenzial in Ihrem Angebot gibt. Vergleichen Sie diese Kosten mit einer herkömmlichen Kundenbefragung oder mit den Ergebnissen aus der Marktforschung. Sie werden sehen, dass Sie diese Chancen auf Feedback durch Blogs zum Nulltarif erhalten.

Flickr, Twitter und wie sie alle heißen

Da gibt es doch noch Flickr, Twitter, XING, Kununu und und und, würde mein Chef jetzt sagen. Das weiß er von seiner Frau, so nebenbei bemerkt. Seine Frau ist wirklich total fit in Social Media – sehr zum Leidwesen vom Chef. Denn seine Frau liebt es, Fotos und kleine Meldungen aus ihrem Schickimicki-Leben zu veröffentlichen. Der Chef gerät dann immer in die größte Not, wenn er im Büro erklären muss, dass für die nächste Gehaltserhöhung kein Geld da ist, ihm seien die Hände gebunden, und daneben blinkt sein Handy mit dem neuesten Foto von seinem Kurztrip mit dem schicken schnellen Flitzer, der gerade eine Woche alt ist … Und weil der Chef dann seiner Frau in nichts nachstehen will, darf ich das wieder ausbaden. Eine »kleine« Recherche – klar! Mit allen Zahlen, die ich finden kann. Schön aufbereitet mit Charts hier und da. Ist nur noch die Frage, ob er damit beweisen will, dass er die ganzen Möglichkeiten einsetzen will oder ob es nur Humbug ist.

Social-Media-Marketing eröffnet viele Möglichkeiten. Jeden Tag finden Sie neue Ansätze, Tools und Wege, um Ihr Unternehmen positiv darzustellen. Oftmals gibt es Lockangebote, die nichts oder nur wenig kosten. Wenn man aber genauer hinschaut, wollen auch diese Unternehmen Geld verdienen und die wenigsten Dinge im Leben sind wirklich kostenlos. Natürlich können Sie auf Flickr, dem Portal für Bilder und Fotos, aktiv werden und dort Ihre Bilder veröffentlichen. Journalisten oder Interessenten suchen über Stichwörter und werden im besten Fall bei Ihrem Bild fündig und veröffentlichen es. Sie können auch kurze Nachrichten über Twitter verbreiten – die Anhängerschaft ist groß. Sie haben die Möglichkeit, Präsentationen über SlideShare mit anderen zu teilen und so Ihr Unternehmen zu präsentieren. Es gibt noch viele andere Mittel und Wege, die im Internet für Sie bereitstehen.

Aus *Crossover-Marketing*-Sichtweise sollten Sie aber zuerst Ihre Hausaufgaben im klassischen Marketing gemacht haben und die Instrumente oder Social-Media-Kanäle gewissenhaft bearbeiten, auf denen Sie bereits aktiv sind. Es hilft Ihrem Unternehmen nicht weiter, wenn Sie auf allen Kanälen unterwegs sind und hier mal etwas posten, dort twittern, und auf Ihrer Homepage sind gleichzeitig veraltete Daten. Konzentrieren Sie sich auf das Wesentliche. Stellen Sie sicher, dass Sie genügend Kapazitäten zur Verfügung haben, um den gewählten Social-Media-Kanal dauerhaft zu betreuen und befüllen. Die Leser und Kunden sollen nicht das Gefühl haben, dass sie in jedem Kanal dieselbe Nachricht erhalten, nur in etwas anderer Couleur. Die vielfältigen Kanäle sollten sich inhaltlich unterscheiden, sonst hat der Internetnutzer kein Interesse daran, bei Ihnen vorbeizuschauen. Wecken Sie sein Interesse. Sie können über ein und dasselbe Thema auf diversen Kanälen sprechen, wenn Sie jeweils unterschiedliche Facetten aufzeigen. Die Homepage hat die klassische, inhaltlich ausgewogene Nuance. Auf Facebook werden Sie eher besondere Seiten – auch gerne mit Bild – zeigen. Youtube bietet eine andere Form der Kommunikation – visuell.

Crossover-Marketing schreibt Ihnen keine Verhaltensweisen oder Wege für Social-Media-Kanäle vor. Sie müssen selbst entscheiden, was zu Ihrem Unternehmen, zu Ihren beruflichen Möglichkeiten, zu Ihrem Budget und zu Ihrer Situation passt. Wenn Sie alle Kanäle betreuen und mit spannenden Themen füllen können, go for it! Tun Sie es! Sie haben jedoch schon einen großen Vorteil, wenn Sie mit wenigen Kanälen arbeiten. Je mehr Möglichkeiten es online gibt, umso größer wird auch die Erwartung der Kunden an Ihr Unternehmen. Momentan ist es noch kein Beinbruch, wenn Sie noch nicht auf Facebook aktiv sind. Allerdings wirft das auch kein fortschrittliches Licht auf Ihr Unternehmen. Zukünftig ändert sich die

Erwartungshaltung. Kinder und Jugendliche wachsen mit diesen Medien auf und sogar die Rentner erobern so langsam diese Bereiche und entdecken die Vorteile.

Welcher Kanal zu Ihnen und Ihrem Unternehmen passt, hängt auch davon ab, wie viel Spaß Sie bei der Bearbeitung haben. Einfach nur zu senden hilft nicht zwangsläufig weiter. Wenn der Leser oder Kunde den Eindruck hat, Sie machen das einfach nur, weil es Ihre Arbeit ist, dann wird er nicht wiederkommen. Wenn Sie Ihrem virtuellen Gegenüber aber einen Mehrwert in Form von Spaß, Informationen, oder Sonstigem bieten können, dann wird er gerne wiederkommen. Das wird Ihnen auch ein gutes Gefühl geben und Sie motivieren, weiterzumachen. So befruchtet sich das gegenseitig und Sie werden merken, was für Sie das Richtige ist.

An dieser Stelle wollen wir uns auf die wichtigsten und ersten Schritte des Social-Media-Marketing beschränken. Wenn Sie diese Kanäle beherrschen und mit Motivation bearbeiten, werden Sie sicherlich schnell herausfinden, wo die nächsten Schritte hingehen sollen.

Mein Chef kam gerade ganz verträumt um die Ecke. So kenne ich ihn ja gar nicht! Wobei das in letzter Zeit schon das eine oder andere Mal vorkam. Er wird doch wohl nicht in den nächsten Frühling kommen? Das muss ich mal genau herauskriegen. Immer tippt er wie wild auf seinem Handy rum, schaut kurz in die Luft, dann piepst es und er kriegt wieder dieses verträumte Grinsen … Da sind ganz viele Herzchen auf seinem Display!? Seine arme Frau, er wird doch nicht …??? Oh nein, Chef kommt! Muss schnell so tun, als ob ich was arbeite – zu spät … »Sie sollten das auch mal machen, das ist echt der Hit!« – »Okay, aber …« – »Nichts aber! Das bringt Ihre Beziehung auf ganz neue Höhen!« ??? »Meine Frau wollte unbedingt, dass ich das mache. Erst wollte ich ja nicht, aber dann – Rrcht hat sie!« ??? »Jetzt schauen Sie doch nicht so kariert, Sie verderben mir meine gute Laune. Oder nein, bleiben Sie so, ich mach schnell ein Foto von Ihnen und schicke es meiner Frau über WhatsApp. Die wird sich halb totlachen! Jetzt zack, zack, zurück an die Arbeit!«

Fotodatenbanken ersetzen jede Werbeagentur – oder?!

Ich liebe ja Fotodatenbanken. Da gibt es unendlich viele Bilder, Grafiken, Videos und was nicht noch alles. Für schmales Geld kann man fast jedes beliebige Motiv herunterladen. Professionelle Fotos, die jede Präsentation aufhübschen und aus langweiligen Prospekten tolle Broschüren machen. Werbeagenturen sind ja nicht mehr nötig, das kann ich selbst – dachte mein Chef. Ich hatte ihm mal wieder die letzte Abrechnung der Agentur vorgelegt, was schon erfahrungsgemäß mit großem Tamtam bedacht wird – wohlgemerkt kein gutes Tamtam. Einem armen Mann wie ihm das letzte Hemd ausziehen und solche Späße, ich kenne es ja schon. Doch dieses Mal kam er auf die glorreiche Idee, er könne der unnötigen Geldausgeberei für Werbeagenturen ein Ende bereiten. Fotolia und Co., Fotodatenbanken aus dem Internet wären die Lösung! So ein Prospekt kann doch kein Hexenwerk sein. Gesagt, getan, Chef erklärte das nächste Prospekt zur Chefsache. Eine Woche bevor das Prospekt in Druck gehen sollte, wollte ich meinen Chef vorsichtig auf sein Prospekt ansprechen. Die Messe stand bevor und die Zeit wurde langsam knapp. Keine Reaktion. Am Tag der Abgabe konnte man wildes Schimpfen, Fluchen und Ausrasten aus dem Chef-Büro hören. Er hatte eine Unmenge von Bildern heruntergeladen, die aber alle nicht so richtig passen wollten. Das Ende vom Lied: Hunderte von Euro für Bilder ausgegeben, die nicht mal ansatzweise zur Broschüre passen wollten, und eine fluchende Agentur, die noch schnell in einer Nacht-und-Nebel -Aktion eine Broschüre erstellen musste – inklusive Nachtschicht von mir, versteht sich …

Auch wenn Fotodatenbanken auf den ersten Blick den Eindruck erwecken, dass man dadurch auf professionelle Unterstützung von Werbeagenturen verzichten kann, wird man schnell eines Besseren belehrt. Zwar greifen Agenturen auf dieselben Bilder zurück und man muss sich schon die Frage stellen, ob man hierfür einen höheren Preis zahlen möchte. Andererseits muss man sich auch die Frage stellen, ob inhouse genügend kreatives Potenzial herrscht, um die professionellen Grafiken und Bilder auch gut in Szene zu setzen. Einfach ein Bild auf ein Blatt zu setzen und es nicht in den Kontext einzubinden erweckt keinen guten Eindruck. Ob ein Amateur oder ein Profi eine Broschüre gestaltet hat, lässt sich schnell erkennen.

Das heißt nicht, dass man die Bilder der Fotodatenbanken nicht nutzen sollte. Im Gegenteil, denn hier liegt tatsächlich Potenzial für Unternehmen, die mit kleinen Budgets große Wirkung erzielen sollen. Schauen Sie sich von großen Unternehmen ab, wie sie mit diesen Bildern umgehen. Wie werden sie eingesetzt, wie angeordnet, wie wird der Text dazu ausgerichtet usw.? Probieren Sie aus, wie Sie ein solches professionelles Bild einsetzen würden. Die Datenbanken erlauben ein kostenfreies Herunterladen der Bilder mit sehr geringer Auflösung zu diesen Testzwecken. Dadurch können Sie sich einen ersten Überblick verschaffen, ob ein professionelles Bild Ihre Zwecke erfüllen kann. Sie ersparen sich unnötige Ausgaben und Sie können gezielt entscheiden, welches Bild Sie kaufen.

Beachten Sie jedoch dabei, dass nicht jede Verwendung erlaubt ist. Für jedes Bild wird genau beschreiben, welcher Einsatz wo erlaubt ist und welcher nicht. Der Preis hängt auch von der Höhe der Auflösung ab. Je höher, umso teurer. Je bekannter der Fotograf oder Zeichner, umso teurer. In manchen Datenbanken müssen Sie ein bestimmtes Kontingent erwerben, das Sie nicht unbedingt benötigen und das nach Ablauf eines Jahres erlischt. Überlegen Sie im Vorfeld, wie viele Bilder Sie erwerben möchten und in welcher Auflösung. Wenn Sie ein höheres Kontingent erwerben, erhalten Sie vergleichsweise einen günstigeren Preis je Bildeinheit.

Professionelle Bilder lohnen sich auch für den Einsatz auf Ihrer Homepage. Gerne kommt der Einwand, dass ein und dasselbe Bild auch von einem anderen Unternehmen benutzt wird. Ja und? Ist das ein Unternehmen, das in genau derselben Branche unterwegs ist wie Sie? Dann sollten Sie ein anderes Bild wählen. Ist es aber in einer ganz anderen Branche, dann ist die Wahrscheinlichkeit gering, dass Ihre Kunden sagen: Das Bild hat aber auch der Mayer-Müller, das ist ja ein Nachmacher … Wichtig ist, dass ein professionelles Bild Emotionen erzeugt, zum Kontext passt und denjenigen anspricht, der nicht erst 50 Zeilen Text lesen möchte, um einen Eindruck vom Inhalt zu erlangen. Bilder sprechen auf einer anderen Ebene an und sind schneller zu erfassen als Text. Wenn Sie einem Kind die Wahl lassen zwischen dem bewegten Bild (= Fernsehen) und einem Buch ohne Bilder, dann werden Sie unschwer erraten können, wofür sich das Kind entscheidet. Würde uns sicherlich auch so gehen.

Holen Sie Ihre Kunden durch Bilder ab. Schaffen Sie die Möglichkeit, Inhalte in Wort UND Bild bereitzustellen. Überlassen Sie Ihren Kunden durch den gezielten Einsatz von Bildern, ob ihnen ein schneller Überblick dank passender Bilder ausreicht. Ein kleines Designhotel hat durch ansprechende Bilder viele Besucher auf sich aufmerksam machen können. Die Mischung aus selbst erstellten Bildern seiner Zimmer und gekauften Fotografien aus einer Datenbank schufen ein stimmiges Bild. Dadurch konnte sich das Hotel gegen viele große Designhotels durchsetzen und freut sich seither über ausgebuchte Zimmer über Wochen und Monate hinaus.

Wenn Sie sich keine Agentur leisten können, dann nutzen Sie Fotodatenbanken. Wenn Sie dadurch ein besseres Niveau Ihrer Kommunikationsmittel erreichen können, hilft Ihnen das weiter. Treffen Sie keine Entweder-oder-Entscheidung, sondern nutzen Sie die Mittel, die Ihnen zur Verfügung stehen. Nutzen Sie Ihre Agentur, wenn finanziell möglich, aber nutzen Sie auch Ihr eigenes kreatives Potenzial in Ihrem Unternehmen. Unter den jüngeren Mitarbeitern finden sich oftmals wahre Photoshop-Genies (Software zur Bildbearbeitung), die aus wenig viel zaubern können. Vielleicht gehören Sie auch dazu? Ein Versuch ist es sicherlich wert. Seien Sie jedoch kritisch in der Beurteilung des Ergebnisses. Dinge, die man selbst erstellt hat, gefallen einem normalerweise sehr gut. Auch wenn das niemand anderes so sehen kann.

Umsetzung – wenn Sie Fotodatenbanken nutzen, sollten Sie ...

- ... sich überlegen, an welcher Stelle Sie die Bilder wie einsetzen wollen,
- ... prüfen, ob die Bilder zu dem Image Ihres Unternehmens passen und ein einheitliches, stimmiges Bild Ihres Unternehmens erzeugen,
- ... nicht zu viele verschiedene Foto-/Grafikstile verwenden,
- ... das Foto in den Kontext formal ansprechend und passend zum Inhalt einbinden,
- ... ein gewisses Maß an Kreativität und Ästhetik mitbringen,
- ... sich genau informieren, welche Rechte Sie erwerben,

- ... sich überlegen, welche Kontingentgröße Sie erwerben möchten,
- ... im Vorfeld eine kostenlose Version des gewünschten Bildes mit schlechter Auflösung testen,
- ... abwägen, wann eine Werbeagentur eingeschaltet werden sollte und an welcher Stelle es Sinn ergibt, selbst mit Bildern aus Fotodatenbanken zu arbeiten.

Im Einklang: Unternehmenssituation und Social-Media-Kanal

Wer die Wahl hat, hat die Qual. Diesen Spruch werden Sie kennen. Wenn Sie sich einen Neuwagen anschaffen, haben Sie eine Vielzahl von Ausstattungsmöglichkeiten, die einem den Puls angenehm in die Höhe treibt. Sportpaket, Sicherheitssysteme, höhere Motorisierung, was das Herz begehrt und der Geldbeutel möglich macht. Im Fall meines Chefs sind die Möglichkeiten bezüglich der Ausstattung bei seinem Firmenwagen grenzenlos. »Darf es ein bisschen mehr sein?« ist hier die richtige Frage. Mit dem Wort »Firmenwagen« dürfen Sie mir nicht kommen. Da steigt nicht nur mein Blutdruck, da hilft nur noch eine Therapie. Ich hatte es ja mal gewagt, meinen Chef zu fragen, ob ich nicht vielleicht einen Wagen, einen klitzekleinen Firmenwagen, weil ich ja auch so gute Arbeit … Weiter kam ich gar nicht, denn dann war der Ofen aus. Nach dieser Unterhaltung – besser: nach diesem Monolog vom Chef – war der Chef heißer, die Nachbarn schickten die Polizei zur Kontrolle, wegen Ruhestörung, und ich musste erst mal zum Therapeuten. Wahrscheinlich war das auch der Beginn für dieses Augenzucken, das erstaunlicherweise immer beim Wort »Firmenwagen« …

Bevor Sie Social Media unter dem Aspekt von *Crossover-Marketing* in Angriff nehmen, halten Sie sich Ihre aktuelle Unternehmenssituation vor Augen. Alle Social-Media-Kanäle zu bedienen, wäre nicht vernünftig. Es gibt unzählige Möglichkeiten, was aber nicht bedeutet, dass Sie alle erfüllen müssen. Wählen Sie den passenden Weg zu Ihrer Unternehmenssituation aus. Das ist Teil von *Crossover-Marketing*: der ständige Abgleich zwischen den Unternehmenszielen, der IST-Situation und den Möglichkeiten, die vorhanden sind. Zur Erfüllung der klassischen Marketingaktivitäten haben Sie Ihre Unternehmenssituation genau unter die Lupe genommen. Das hilft Ihnen an dieser Stelle wieder weiter. Arbeiten Sie mit Ihren Erkenntnissen weiter und prüfen Sie jeden Social-Media-Kanal, ob er zu Ihrer aktuellen Situation passt. Stellen Sie sich nochmals diese Fragen: Wie wird Ihr Unternehmen wahrgenommen? Werden Sie als Start-up-Unternehmen wahrgenommen? Werden Sie als erzkonservatives Unternehmen in der siebten Generation wahrgenommen? Werden Sie überhaupt wahrgenommen?

Indizien dafür, dass Sie wahrgenommen werden, sind zum Beispiel:

- Anzahl Ihrer Kunden
- Qualität Ihrer Kunden (sind das Kleinunternehmen, die nur ab und zu kommen, Endkunden oder große Konzerne?)

Fragen Sie sich außerdem:

- Wie regional/überregional/international sind Ihre Kunden?
- Wenn das Tätigkeitsfeld Ihres Unternehmens genannt wird, werden Sie von den Kunden dann in Betracht gezogen?
- Werden Sie als Start-up, kleines, mittelständisches oder großes Unternehmen wahrgenommen?
- Welche Position nehmen Sie in Ihrer Branche ein – sind Sie zum Beispiel Marktführer?
- Wie wird die Qualität Ihrer Marketingaktivitäten eingeschätzt? Passt das zum Image Ihres Unternehmens?
- Wird über Ihr Unternehmen in der Presse berichtet?
- Wird online über Sie berichtet? Und wenn ja, wie gut?
- In welchen Social-Media-Kanälen wird Ihr Unternehmen gefunden?
- Haben Sie Ihre klassischen Marketingaktivitäten sicher im Griff?
- Verfügen Sie über zusätzliche, dauerhafte Kapazitäten, um Social Media zu betreiben?

Dank Internet können Sie nicht nur über Ihre Konkurrenz oder mögliche Kunden Recherchen anstellen, sondern auch Ihr eigenes Unternehmen auf den Prüfstand stellen. Mein Chef ist der Meinung, dass er das beste Unternehmen auf der ganzen weiten Welt hat und dass er so erfolgreich ist, dass er bald nur noch mit Bodyguard das Haus verlassen kann. Er ist felsenfest davon überzeugt, dass ihn bei jedem Schritt ein Paparazzo verfolgt, und setzt sich deshalb immer in Szene, wenn er das Büro verlässt. Vermutlich würde der Blick auf sein Bankkonto diese Wünsche bestätigen, aber in der Realität kann er froh sein, wenn er im angesagten Sternerestaurant überhaupt einen Platz ohne Reservierung erhält. Das will er aber nicht hören, auch wenn ich ihm das immer wieder mal unter die Nase reibe. Hätte ich das mal nicht gemacht, denn er kam neulich mit einem seitenlangen Ausdruck in mein Büro. Wofür ich denn mein Gehalt kriegen würde? Die Blätterstapel auf meinem Tisch sollten belegen, dass der Chef einen Suchbegriff passend zu unserem Unternehmen in die Suchmaschine eingegeben hatte. Resultat hätte sein müssen, dass sein Unternehmen an erster Stelle der Suchergebnisse kommt. Seite 17 lag näher an der Realität …

Auch wenn es hart klingt, aber wer nicht auf der ersten Seite eines Suchergebnisses aufgelistet ist – besser unter den ersten drei Treffern – der wird vom Kunden nicht gefunden. Bei der Vielzahl von Anbietern wird es meistens schwierig, dieses Ergebnis so schnell zu erreichen. Es besteht die Möglichkeit, per Werbung ganz oben gelistet zu werden, aber auch das ist eine Budgetfrage. Social-Media-Aktivitäten erhöhen Ihre Chance, besser im Internet gefunden zu werden. Und damit auch, Produkte zu verkaufen. Wie Sie als Unternehmen wahrgenommen werden und wie Sie wahrgenommen werden wollen, ist für Ihre Social-Media-Aktivitäten entscheidend. Gehen wir die Punkte durch:

- Anzahl Ihrer Kunden
- Qualität Ihrer Kunden (sind das Kleinunternehmen, die nur ab und zu kommen, Endkunden oder große Konzerne?)

Bei den weiteren Fragen:

- Wie regional/überregional/international sind Ihre Kunden?
- Wenn das Tätigkeitsfeld Ihres Unternehmens genannt wird, werden Sie von den Kunden dann in Betracht gezogen?

Die Anzahl und Zusammensetzung Ihrer Kunden entscheidet über die Frage, wie stark Ihre Aktivitäten ausfallen müssen. Wenn Ihnen die Anzahl Ihrer Kunden ausreicht oder Sie nur wenige handverlesene Kunden haben, reicht womöglich schon ein einziger Social-Media-Kanal aus. Gestatten Sie Ihren Kunden einen Blick hinter die Kulissen oder halten Sie dadurch die Aufmerksamkeit aufrecht. Wählen Sie dann einen Kanal, der Ihnen liegt und den Sie gut bearbeiten und mit Inhalten füllen können.

Wenn Sie Ihre Kundenanzahl und Qualität erhöhen möchten, dann sollten Sie höhere Ansprüche an Ihre Social-Media-Aktivitäten stellen. Bei großem Wettbewerb entscheidet der Kunde – egal ob Endkunde oder Unternehmen – anhand Ihres Internetauftritts, ob Sie interessant sind und seinen Ansprüchen genügen. Die Anzahl und Qualität Ihrer Social-Media-Aktivitäten wird Ihren Kunden Rückschlüsse auf die Professionalität Ihres Unternehmens geben. Bei Konzernen werden viele Kanäle bedient, da steigen auch die Ansprüche an den Lieferanten.

Überregionale oder gar internationale Kunden haben nicht die Möglichkeit, kurz und zu jeder Zeit in Ihrem Unternehmen vorbeizuschauen. Daher wird eine ansprechende Information und Unterhaltung via Internet erwünscht und erwartet. Bedienen Sie die Wünsche Ihrer Kunden und überlegen Sie, welcher Kanal zu Ihnen passt. Halten Sie Ihre Kunden auf dem Laufenden und sorgen

Sie so dafür, dass die Kundenbeziehung bestehen bleibt, auch wenn Sie nicht ständig beim Kunden anrufen. Zusätzlich haben Sie dann die Chance, dass Sie dadurch weitere Kunden und Interessenten gewinnen.

Wichtig ist auch die Frage, ob ein potenzieller Kunde weiß, welches Angebot Sie haben. Wenn Ihr Tätigkeitsfeld genannt wird, kommt dann ein Kunde darauf, dass er bei Ihnen kaufen kann beziehungsweise dass es Ihr Unternehmen überhaupt gibt? Nur so können Sie weitere Kunden gewinnen. Wenn Sie dann auch in den Suchmaschinen an Platz eins bis drei auftauchen, haben Sie gute Chancen. Wenn nicht, dann haben Sie noch Potenzial, sich zu verbessern. Dabei helfen Ihnen die Social-Media-Aktivitäten. Gehen Sie nicht alle Kanäle auf einmal an, sondern bearbeiten Sie einen nach dem anderen. Prüfen Sie die Resonanz. Vielleicht reicht schon die Konzentration auf einen Kanal aus, um Ihren Kundenkreis zu erreichen und anzuziehen.

- Werden Sie als Start-up, kleines, mittelständisches oder großes Unternehmen wahrgenommen?
- Welche Position nehmen Sie in Ihrer Branche ein – sind Sie zum Beispiel Marktführer?
- Wie wird die Qualität Ihrer Marketingaktivitäten eingeschätzt? Passt das zum Image Ihres Unternehmens?

Als Marketingverantwortlicher ist es schwierig, seine eigenen Marketingaktivitäten neutral einzuschätzen. Sie werden Ihr Bestes geben, um unter gegebenen Voraussetzungen Ihr Unternehmen positiv darzustellen. Dennoch gibt es Unterschiede zwischen dem beabsichtigten Image und dem, wie Sie von Außenstehenden tatsächlich eingeschätzt werden. Sollten Sie ein modernes, schickes Unternehmen sein, das aber eine veraltete Homepage hat, dann passt das nicht zusammen. Ein potenzieller Kunde wird das anhand

Ihres Auftritts nicht erkennen. Überprüfen Sie Ihre Wirkung anhand der Kriterien Firmengröße, Qualität und Image. Welcher Eindruck entsteht? Fragen Sie doch einmal Ihre Bekannten. Diese drei Faktoren sollten im Einklang stehen. Wenn Lücken bestehen, dann forschen Sie nach den Ursachen. Ziehen Sie Social-Media-Kanäle in Betracht, die Ihnen helfen können, diese Lücken zu schließen. Je führender Ihr Unternehmen sein soll, umso professioneller sollten Sie Ihre Social-Media-Aktivitäten gestalten. Gehen Sie einen Kanal nach dem anderen an, um die Qualität zu sichern und aufrechtzuerhalten. Sind Sie ein großes Unternehmen, werden große Anforderungen an Sie gestellt. Einem kleinen Unternehmen sieht man nach, dass es nicht überall vertreten ist.

- Wird über Ihr Unternehmen in der Presse berichtet?
- Wird online über Sie berichtet? Und wenn ja, wie gut?
- In welchen Social-Media-Kanälen wird Ihr Unternehmen gefunden?

Wenn mein Chef einen Artikel von sich in der Zeitung sieht, ist der Tag gerettet. Dann kann man ihn sogar pfeifend über den Flur laufen hören. Wenn nicht über ihn berichtet wird, steht er jeden Tag mit einem vorwurfsvollen Blick in meiner Bürotür. Wofür er mich eigentlich bezahlt, wenn ich nicht mal das schaffe! Also wirklich, kann doch jeder, warum nicht ich? Er nuschelt dann immer was von wegen Beurteilung, schlecht ausfallen, Bonus flöten, Stelle neu ausschreiben und so.

Ein Bericht in der Presse über das eigene Unternehmen zu finden ist immer ein kleines Erfolgserlebnis. Vor allem wenn die Presse von selbst auf Sie zukommt, ist das schon ein Ritterschlag. Durch PR-Arbeit können Sie diese Auftritte verbessern – an anderer Stelle mehr dazu. Printpresse und Onlinepresse hängen stark zusammen, aber es gibt Unterschiede. Online haben Sie größere Chancen zu erscheinen, weil viele Verlage tägliche Newsletter zusätzlich zu ihren Printmedien anbieten. Dementsprechend brauchen sie viel Material und daher ist die Chance größer, hier beachtet zu werden. Prüfen Sie laufend, ob Sie online gefunden werden. Werten Sie aus, wo genau Ihr Unternehmen auftaucht. Bei welchem Suchbegriff, bei welchem Themenfeld und in welchen Onlineportalen. Führen Sie eine Statistik über Ihre Erkenntnisse und werten Sie Fort- und Rückschritte aus. Größere Social-Media-Aktivität sollte sich positiv auswirken. Dadurch sollte Ihr Unternehmen besser und öfter gefunden werden. Geben Sie sich mindestens ein halbes Jahr Zeit, um Fortschritte zu verzeichnen. Sollte sich dann noch nichts tun, überlegen Sie, ob Sie den richtigen Kanal gewählt haben. Prüfen Sie Qualität und Professionalität Ihrer Arbeit und gleichen Sie sie mit Ihrem Unternehmensimage ab. Hier sollte Harmonie vorhanden sein.

Prüfen Sie auch, ob Sie in Facebook, Twitter und Co. auftauchen, auch wenn Sie selbst nicht in allen Kanälen aktiv sind. Wird dennoch über Sie berichtet, dann haben Sie den nächsten Schritt geschafft und Sie haben Ihre Wahrnehmung erhöht. Zählen Sie das zu Ihren Marketingerfolgen und bauen Sie darauf auf. Lassen Sie nicht nach, sondern bleiben Sie weiterhin am Ball und pflegen Sie Ihre Social-Media-Kanäle mit Nachdruck und Disziplin. Nachlässigkeit wird leider schnell mit Aufmerksamkeitsentzug durch die Interessenten und Kunden bestraft. Daher ist ein sorgfältiges Abwägen erforderlich, welchen Kanal sie bedienen wollen.

- Haben Sie Ihre klassischen Marketingaktivitäten sicher im Griff?
- Verfügen Sie über zusätzliche, dauerhafte Kapazitäten, um Social Media zu betreiben?

Aus einem Blick zurück können Sie Rückschlüsse für den Weg nach vorn ziehen. Sie sollten Ihre klassischen Marketingaktivitäten sicher im Griff haben, um sich den Social-Media-Aktivitäten zu widmen. Dafür werden Sie anfänglich viel Zeit benötigen. Dabei dürfen die anderen Handlungsfelder nicht zu kurz kommen. Deshalb ist die Frage nach ausreichender, dauerhafter Kapazität für die Bearbeitung der Kanäle wichtig. Bleiben Sie realistisch und gehen Sie lieber auf Nummer sicher. Auch wenn Sie gerne alle Kanäle bedienen möchten, ist es unter Umständen besser, sich auf einen oder wenige zu konzentrieren. Das erfordert viel Arbeit und Zeit. Der Erfolg von *Crossover-Marketing* hängt davon ab, dass Sie mit Motivation und Disziplin an die Arbeit gehen. Konzentrieren Sie sich auf Ihre Stärken. Gehen Sie einen Schritt nach dem anderen und geben Sie jedes Mal Ihr Bestes. Immer wieder aufs Neue. Das kostet Zeit und Kraft. Verlassen Sie sich nicht auf Kurzzeitlösungen wie Praktikanteneinsätze. Dadurch haben Sie für kurze Zeit Entlastung, aber dauerhaft hilft Ihnen dieser Schritt nicht, Professionalität und Beständigkeit zu sichern. Sie müssen in der Lage sein, mit vorhandener Kapazität zusätzliche Arbeiten im Social-Media-Bereich zu erledigen. Da kommt schnell täglich eine Stunde zusammen. Nach oben keine Grenzen. Das müssen Sie abdecken können. Wenn Sie hier Ihr Ja geben können, dann checken Sie zum letzten Mal die Grundlagen, um dann den geeigneten Social-Media-Kanal zu finden und näher zu betrachten.

Umsetzung – so setzen Sie die Voraussetzung für Crossover-Marketing mit Social Media:

- Sie kennen die Unternehmensziele.
- Sie kennen Ihre Kunden.
- Sie können Ihr Unternehmen in 30 Sekunden verständlich vorstellen.

- Sie können den Nutzen Ihrer Produkte leicht verständlich und kurz erläutern.
- Sie sind sich bei jedem Schritt über die Unternehmensziele in Verbindung mit dem Mehrwert für Ihre Kunden bewusst .
- Sie haben eine Marketingstrategie.
- Sie haben konkrete, umsetzbare Schritte und Meilensteine für ein Jahr abgeleitet.
- Sie gehen mit offenen Augen durch das Unternehmen und schauen über den Tellerrand hinaus.
- Sie bearbeiten jedes Ihrer Ziele mit Nachdruck konsequent und mit Motivation.

Und jetzt gehen wir auch den nächsten Schritt an: Wir begegnen unseren Kunden und Interessenten online!

FLUCH ODER SEGEN – FACEBOOK KENNT JEDER!

»Bleiben Sie mir weg mit Facebook! Selbst meine Halsabschneider-Tankstelle hat einen Facebook-Auftritt! Und was bringt mir das? Jedes Mal, wenn ich bezahlen will, fummelt der erst noch an seinem Handy rum. Neues checken. Neues checken!!! Geht's noch?« Das war die Reaktion meines Chefs auf meine Frage, ob wir denn nicht auch eine Facebook-Seite haben sollten. Anschließend ruhte das Facebook-Thema einige Monate. Bis eines Tages ein strahlender Chef in mein Büro marschierte und genauso freudestrahlend verkündete: »Da gibt es doch jetzt was ganz Tolles. Social, Content und Twitter und so. Das brauchen wir, da müssen wir vorne mit dabei sein. Machen Sie mal!« – »Meinen Sie Facebook?«, fragte ich. »Ja genau, Facebook! Machen Sie mal, das müssen wir haben!«, und marschierte direkt wieder raus. Vom Flur kommt noch ein schwaches »Bis Montag legen Sie mir ein Konzept auf den Tisch! Ich bin dann mal weg!«, und weg war er übers Wochenende. In seiner Villa am See. Na super, da habe ich ja noch das ganze Wochenende, um mir ein Konzept zu überlegen. Ich könnte ihn …

Facebook, das kann ja nicht so schwer sein. Das machen meine Nichten und Neffen doch so nebenher. Bei einer Familienfeier habe ich die mal gefragt, wie das so geht mit Facebook. Da haben die mich angeschaut!! Das können Sie sich nicht vorstellen! Okay, ich muss da wohl eine Wissenslücke haben. Bin ja auch keine zehn oder 14 mehr … Und ich habe auch kein so tolles Handy wie meine Nichten und Neffen. Ich muss mal einen Antrag beim Chef stellen, dass ich ein neues Firmenhandy brauche …

Facebook eignet sich gut für den Start in die Social-Media-Welt. Die Mischung aus unterhaltsamen Kurzinfos, Bildern, Links zu anderen Internetseiten und das Einbinden von Videos bieten viele Möglichkeiten. Jedes Unternehmen – unabhängig von Branche, Business to Customer, Business to Business oder Zielsetzung – findet hier seinen Weg. Deshalb haben auch so viele Unternehmen eine Facebook-Seite, mal davon abgesehen, ob sie gepflegt wird oder nicht. Tatsächlich sollte jedes Unternehmen Facebook »haben«. Das gehört einfach dazu! Aber wie bei allem anderen auch kommt es darauf an, wie Sie das gestalten!

Schnelllebigkeit zeichnet Facebook aus. Wenn Sie eine Meldung veröffentlichen, erscheint sie auf Ihrer Facebook-Seite in Ihrer Chronik. Das ist wie eine Art Tagebuch, in der Ihre Einträge aufgelistet erscheinen. Ihre Meldung erscheint aber auch bei Ihren Abonnenten. Allerdings ist Ihr Post dort nur einer unter vielen, denn hier sind die Mitteilungen von allen anderen Freunden und abonnierten Seiten zu sehen. Sie stehen in unmittelbarer Konkurrenz zu einer Vielzahl von Posts (= Meldungen). Damit Ihr Post dann Beachtung findet, sollte es lustig sein, kurz und bündig oder sonst wie auffallen. Ein Bild erhöht die Aufmerksamkeit. Posts werden nur kurz überflogen und dann sind sie passé. Der Leser entscheidet dann, ob er liken will oder sie seinem Freundeskreis weiterleitet, also teilt. Ein paar Stunden später ist Ihre Meldung schon wieder ad acta gelegt und interessiert kaum noch einen. Wenn Sie nicht regelmäßig für neue Meldungen sorgen, sind Sie nicht attraktiv und geraten in Vergessenheit. Demgegenüber ist ein ununterbrochenes Posten lästig. Täglich drei Meldungen sind für ein Unternehmen zu viel – es sei denn, Ihr Geschäft sind Nachrichten.

Facebook eignet sich hervorragend, um seine Bekanntheit schnell zu vergrößern und eine Fangemeinde aufzubauen. Das muss nicht auf Teufel komm raus geschehen, sondern sollte mit

Ausdauer passieren. Dadurch lässt sich eine Kundenbeziehung aufbauen, die sehr persönlich wird. Denn oftmals checken Ihre Besucher ihr Facebook-Konto am Feierabend, in der Mittagspause und am Wochenende. Also längst nach Büroschluss. Es sei denn, Sie haben einen Chef wie meinen, dann verschwimmen die Grenzen zwischen Bürozeit und Feierabend. Neulich rief mich mein Chef um 22 Uhr im Büro an. Natürlich war ich da schon längst zu Hause. Er hatte noch was ganz Dringendes, so wie immer, und war am nächsten Tag so was von sauer, weil er mich nicht mehr erreicht hat. Aber fragen Sie doch mal nach, wer ständig um 14 Uhr das Büro verlässt, weil er noch einen Kundentermin hat? Und fragen Sie doch mal, warum der Kunde jedes Mal unter ominösen Umständen seinen Termin platzen lässt und mein Chef am Golfplatz aufzufinden ist? Lohnt sich ja nicht mehr, noch mal ins Büro zu gehen, ist ja sowieso gleich Feierabend …

Wenn Sie es schaffen, Ihrer Facebook-Fangemeinde Interessantes zu bieten, dann werden Ihre Besucherzahlen steigen. Und damit auch die Kundenbeziehung. Und damit auch Ihre Bekanntheit. Das sind die Menschen, die Ihr Unternehmen bevorzugen werden, wenn es um den Kauf eines Produkts geht, das in Ihrem Tätigkeitsfeld liegt. Sie kaufen sicherlich auch lieber bei jemandem, den Sie kennen. Selbst wenn Ihre Facebook-Fans Ihr Unternehmen noch nie von innen gesehen haben oder Sie noch kein persönliches Gespräch geführt haben. Das sind auch die Menschen, die Ihr Unternehmen weiterempfehlen – wenn Sie sich als interessanter Facebook-Partner präsentieren.

Posten Sie regelmäßig, das heißt: »Veröffentlichen« Sie regelmäßig »Meldungen« – für alle Facebook-Neulinge? Sind Ihre Posts qualitativ hochwertig? Es gilt einiges zu beachten, wenn Sie im Sinne Ihres Unternehmens auf Facebook aktiv sein wollen. Diese Voraussetzungen müssen Sie schaffen:

- Sie veröffentlichen regelmäßig in der Woche Meldungen aus Ihrem Unternehmen.
- Sie verraten dabei keine Firmengeheimnisse.
- Sie respektieren die Privatsphäre Ihrer Mitarbeiter.
- Ihre Fotos sind weder anstößig noch schädigen sie den Ruf Ihres Unternehmens.
- Ihre Posts haben einen Mehrwert für Ihre Kunden.
- Sie verfügen über ausreichend Kapazität, Ihre Facebook-Seite dauerhaft zu pflegen.
- Sie brauchen eine Facebook-Strategie, die im Einklang mit Ihrer Unternehmensstrategie steht.

Eine Homepage legen Sie einmal an, dann ist der größte Arbeitsaufwand geschafft. Danach werden Inhalte angepasst und Neuigkeiten eingestellt. Viel Veränderung passiert hier nicht. Facebook ist das genaue Gegenteil. Es gibt zeitliche Unterschiede in der Aufmerksamkeit Ihrer Fans. Nicht jeder Wochentag hat dieselbe Resonanz. Finden Sie heraus, welche Tage für Ihre Meldungen geeignet sind. Zeitliche Unterschiede sind ebenfalls wichtig. Nachts um vier Uhr werden Sie weniger Leser finden als Mittags um zwölf Uhr oder abends um 18 Uhr. Wählen Sie eine Zeit, der Sie treu bleiben. Richten Sie sich ein, dass Sie immer um die gleiche Uhrzeit – mit einer Stunde Varianz – posten. Testen Sie, wie oft Sie posten müssen, um positive Aufmerksamkeit zu erzeugen und nicht lästig zu werden. Starten Sie mit dreimal wöchentlich. Kontrollieren Sie Ihre Besucherzahlen und testen Sie, ob Sie öfters posten sollten. Testen Sie nicht zu lange und legen Sie sich auf einen Rhythmus fest.

Nicht jeder ist Facebook-Fan. Die Zuneigung oder Abneigung hängt oftmals mit dem Alter zusammen. Die digitale Generation kennt Facebook und fragt nicht danach, ob man Facebook nutzt oder nicht. Es gehört dazu. Manche Personen können damit nichts anfangen und sehen das als Eingriff in die Privatsphäre. Manchmal hilft hier auch keine Überzeugungsarbeit, die Vorurteile sind größer. Die Privatsphäre der Mitarbeiter muss geschützt bleiben. Wenn Sie Nachrichten aus Ihrem Unternehmen veröffentlichen, dürfen Sie nicht einfach Namen oder Bilder Ihrer Mitarbeiter posten. Sie brauchen ihr Einverständnis, am besten schriftlich. Mitarbeiter sind starke Multiplikatoren – positiv wie negativ. Wenn jemand nicht auf Facebook veröffentlicht sein möchte, dann respektieren Sie das. Es wird sicherlich andere Themen geben, über die Sie schreiben können.

Auch wenn Sie mit Facebook einen Blick hinter die Kulissen Ihres Unternehmens ermöglichen, dürfen dennoch keine Firmengeheimnisse preisgegeben werden. Sie müssen die Balance finden zwischen kontrollierten und authentischen Posts. Zeigen Sie sich, wie Sie sind. Gehen Sie jedoch davon aus, dass auch Ihre Wettbewerber mitlesen. Sie können gerne Produktankündigungen und Neuentwicklungen bekannt geben, aber nur in dem Rahmen, dass Sie Ihre Unternehmensposition nicht schädigen. Gleiches gilt für das Veröffentlichen von Bildern. Wenn Sie ausschließlich Bilder von Umtrünken bei Feierlichkeiten posten, dann erzeugt das einen gewissen Ruf. Möchten Sie das? Ihre Facebook-Seite wird nicht nur von Ihren Kunden angeschaut, sondern auch von Personen, die Ihr Unternehmen nicht kennen. Auch von möglichen Bewerbern. Überprüfen Sie, welches Bild Sie durch Facebook erzeugen, und gleichen Sie es mit Ihren Unternehmenszielen ab. Persönliche Einblicke sind erlaubt und erwünscht, aber ein gewisses Niveau muss erhalten bleiben.

Der letzte Punkt ist derjenige, der über Erfolg oder Niederlage entscheidet. Erliegen Sie nicht der Versuchung, Facebook von einem Praktikanten erledigen zu lassen. Keine Frage, holen Sie sich gerne Hilfe von einem Praktikanten, wenn es darum geht, eine Facebook-Seite einzurichten. Oder lassen Sie sich erklären, wie Facebook in der Praxis gelebt wird. Da sind Praktikanten sicherlich

Experten, was diese Dinge angeht. Mit Freundeszahlen im oberen dreistelligen Bereich wissen sie, wie der Hase läuft. Aber wenn es um eine klare Facebook-Strategie und die Anbindung an die Firmenkommunikation geht, dann ist das Ihre Aufgabe als Marketingverantwortlicher. Sie können nicht alles selber machen, aber Sie dürfen hier die Zügel nicht aus der Hand geben. Praktikanten sind nicht dauerhaft in Ihrem Bereich tätig. Das ist immer nur eine Zwischenlösung, die kurzfristig hilft, langfristig aber für mehr Arbeit sorgt. Ständig wechselnde Facebook-Bearbeiter können nicht eine durchgängige Qualität gewährleisten. Facebook ist sehr schnelllebig, deshalb ist eine gute, qualitativ hochwertige und konsequente Bearbeitung nötig. Gehen Sie auf Nummer sicher und wählen Sie den passenden Mitarbeiter (oder Sie selbst) als Zuständigen aus.

Facebook ins Blaue zu betreiben kann Spaß machen und auch Besucherzahlen bringen. Für Privatpersonen reicht dieser Zustand aus. Aus Unternehmenssicht wäre diese Einstellung als treibender Motor nicht ausreichend. *Crossover-Marketing* bedeutet auch hier, dass die Facebook-Aktivitäten im Einklang mit der Unternehmensstrategie stehen sollten. Eine Eins-zu-eins-Ableitung ist selten möglich, aber die generelle Ausrichtung lässt sich übertragen. Sollten Sie im ökologischen Bereich hohe Maßstäbe anlegen, dann darf das auch auf Ihrer Facebook-Seite durchklingen. Nehmen Sie sich die Zeit, eine generelle Facebook-Strategie zu suchen. Diese Aktivitäten lassen sich zwar schwierig hinsichtlich des Ergebnisses planen, aber gewisse Regeln und Zielsetzungen können Sie durchaus mit einfließen lassen. Was Sie dabei berücksichtigen können, sehen wir im folgenden Kapitel.

Umsetzung – so legen Sie den Grundstein für Facebook:

- Überprüfen Sie Facebook nach Tauglichkeit für Ihre Social-Media-Strategie.
- Bringen Sie Ihre Facebook-Strategie mit Ihrer Unternehmensstrategie in Einklang.
- Sichern Sie eine dauerhafte Bearbeitung Ihrer Facebook-Aktivitäten durch entsprechende Personalkapazität.
- Halten Sie sich an die Regeln von Facebook und des Schutzes der Privatsphäre.

Facebook – warum um alles in der Welt sollten wir eine Facebook-Seite haben?

Ja, warum eigentlich? Weil Sie auch eine haben wollen? Weil es jeder hat? Weil der Chef es will? Die letzte Frage ist rein rhetorisch gemeint. Die zählt nicht ... Aber sagen Sie das NICHT meinem Chef!!! Dem kann es ja nicht schnell genug gehen, seitdem ER auf die Idee mit Facebook kam. Dass er dabei MEINE Idee erst mal abgeschmettert hat, hat er wohlweislich vergessen. Jetzt kommt sogar wöchentlich mindestens eine Mail, tendenziell eher 20 Mails pro Woche, zum Thema Facebook an mich.

BETREFF: Facbk Mlstne

So, was das jetzt heißt? Das habe ich mich bei der ersten Mail zu diesem Thema auch gefragt. Mein Chef liebt Abkürzen und englische Bezeichnungen für alles, was nicht niet- und nagelfest ist. Ich bin mir ja nicht so ganz sicher, ob er »Facebook« einfach nicht schreiben kann oder ob das mal wieder ein Beitrag zur effektiven Zeitnutzung ist. Die korrekte Betreffzeile heißt: »Facebook Milestone«. Bei jeder dieser Mails (jetzt sind es sicherlich schon 57 Stück in drei Wochen) greife ich zu meinen mittlerweile angeschafften Beruhigungstees. Eigentlich bin ich ja Kaffeetrinker, aber das hilft hier nicht weiter ... Die letzte Mail war die Wiederholung von Mail Nummer 3, 7, 12, 19, ... und ebendieser: »Wann schaffen wir endlich die Eine-Million-Fan-Grenze? Ihre kommende Leistungsbeurteilung und damit einhergehende variable Vergütung werde ich an die Zahl der Facebook-Fans koppeln. Damit Sie schon jetzt Bescheid wissen.« Ich weiß Bescheid ...

Doch ernsthaft, was ist Ihre Motivation? Ist Facebook ein MUSS, das so nebenher auch noch abgearbeitet sein will? Dann werden Sie wohl drangehen müssen, aber ob das Erfolg versprechend sein wird, ist die Frage. Gehen wir doch einmal davon aus, dass Sie nicht einfach nur dabei sein wollen, sondern dass Sie **einen echten Mehrwert für Ihre Kunden schaffen** wollen. Dass Ihre Kunden sogar gerne auf Ihre Facebook-Seite gehen, weil sie …

- … neueste Informationen erhalten,
- … witzige Unterhaltung vorfinden,
- … tolle Bilder sehen können,
- … exklusive Geschenke und Gutscheine bekommen,
- … exklusive Firmeneinblicke erhalten,
- … Produktneuerungen als Erste erfahren,
- … besser über ein Thema informiert werden.

Es gibt natürlich auch die sogenannten Sommerlöcher. Das sind Tage, in denen einfach keine News in Sichtweite sind. Dann ist das einfach so. Sie müssen sich nicht sklavisch an die zeitgenaue Meldung täglich halten, wenn es keine Informationen gibt. Lieber einmal auf ein Post verzichten, als Langweiliges zu posten. Gehen wir der Reihe nach die Punkte durch:

- Neueste Informationen erhalten
- Witzige Unterhaltung vorfinden
- Tolle Bilder sehen können

Sie konkurrieren mit Ihrer Facebook-Meldung mit vielen anderen Posts. Daher werden auch interessante Neuigkeiten nicht wahrgenommen, wenn sie nicht auffallen. Bilder erhöhen den Aufmerksamkeitsgrad. Die Mitteilung sollte nicht zu lange sein, sonst wird sie nicht gelesen. Mehr als drei Zeilen sind schon fast zu lang. Dabei ist ein lockerer Schreibstil gefragt, der auch gerne Fragen an die Leserschaft richten darf. Das erzeugt den Dialog und die Möglichkeit, Likes zu erhalten. Witzige Posts zu machen, ist nicht immer einfach. Denn mancher Witz kommt einfach nicht rüber oder erscheint beim Lesen lächerlich. Es hängt auch immer mit dem Ersteller eines Posts zusammen, bleiben Sie authentisch.

Posts müssen nicht immer aus einer eigenen Unternehmensmeldung bestehen. Facebook lebt vom Teilen. Suchen Sie interessante Posts von Facebook-Seiten, die Ihre Kunden interessieren könnten. Sie haben die Möglichkeit, jeden Post zu teilen und zu kommentieren. Das erscheint ebenfalls in Ihrer Chronik und kann dort gelesen werden. Sie müssen also das Rad nicht neu erfinden, sondern können Informationen weitergeben. So wie im Gespräch mit dem Nachbarn, dem Sie von Ihrem neuen Gartengerät über den Zaun hinweg erzählen. Tücken beim Kauf und in der Nutzung. Dazu kann der Nachbar dann auch noch etwas aus seiner Erlebniswelt beisteuern – ein schöner Dialog, der auch auf Facebook stattfinden kann. Variieren Sie Ihre Posts hinsichtlich Links zu anderen Seiten, Bildern und reiner Information. Oder legen Sie sich auf eine Richtung fest. Welchen Weg Sie wählen, hängt mit Ihrer Unternehmenssituation und -ausrichtung zusammen. Das lässt sich nicht verallgemeinern, um erfolgreich Social Media mit Facebook zu betreiben.

- Exklusive Geschenke und Gutscheine bekommen
- Exklusive Firmeneinblicke erhalten
- Produktneuerungen als Erste erfahren
- Besser über ein Thema informiert werden

Ein Hauch von Exklusivität nimmt jeder gerne wahr. Kurz gesagt: VIP-Behandlung! Die Schnelllebigkeit von Facebook können Sie sich zunutze machen, indem Sie exklusive Inhalte posten, bevor alle anderen davon erfahren. Wenn Sie meinem Chef zuhören, kreisen seine Erzählungen immer um die Tatsache, dass er etwas als ERSTER hatte. Er und seine Frau sind gerne bei Exklusiv-Shoppings, in denen sie eine ganz persönliche Beratung in den schönsten

Verkaufsräumen erhalten, wo Otto Normalverbraucher niemals hinkommen wird. Letzteres erzählt mein Chef natürlich nicht, aber die Verkäuferin ist eine alte Bekannte und ist begeistert von dem Charme, den der Chef dort versprüht. So einen tollen Chef hätte sie auch gerne! Immer so freundlich und geduldig, wenn er sein Glas Schampus in Händen hält. Den Charme muss er wohl an der Garderobe mit seinem Luxusmantel abgelegt haben, bevor er mein Zimmer betritt …

Die Bereitstellung von spannenden, exklusiven Informationen trägt dazu bei, dass Ihre Leser wiederkommen. Sie wollen auf dem Laufenden bleiben und schauen von sich aus auf Ihre Seite. Sie zeigen Interessen an Ihrem Unternehmen und Ihren Produkten. Bedienen Sie diese Nachfrage, denn sie schafft eine echte Kundenbeziehung und -bindung. Geschenke zwischendurch erhöhen die Bereitschaft, auf Ihre Facebook-Seite zu kommen. Das müssen keine teuren Geschenke sein, es geht einfach um die Tatsache des Gebens. Die meisten Menschen lieben Gutscheine. Vielleicht finden Sie eine Möglichkeit, Ihre Produkte mit einem Gutschein zu verbinden und das zu posten.

Exklusivität kann auch darin bestehen, dass Ihre Leser Neuigkeiten aus Ihrem Unternehmen zuerst erfahren. Das bedeutet nicht, dass Sie diese Information an keiner anderen Stelle bringen dürfen – das wäre schade. Gehen Sie CROSS-OVER! Bringen Sie heute die Meldung auf Facebook über ein neues Produkt oder ein neues Feature. Darin können Sie erwähnen, dass es morgen dazu weitere Infos gibt. Am kommenden Tag können Sie einen Beitrag zu diesem Thema auf Ihrer Firmenhomepage bringen, die Sie per Link auf Facebook teilen und kommentieren. So können einerseits Facebook-Fremde Ihre Neuigkeiten sehen. Andererseits haben Ihre Facebook-Fans einen zeitlichen Vorteil. Positiver Nebeneffekt ist, dass Sie eine Verbindung zwischen Ihrem Social-Media-Kanal und Ihrer Homepage herstellen. Das festigt nicht nur die Kundenbindung, sondern erhöht auch das Interesse. Über kurz oder lang werden Sie das an steigenden Besucherzahlen in beiden Bereichen feststellen.

Bieten Sie Ihren Kunden durch Facebook den Mehrwert, besser informiert zu werden. Auf Ihrer Homepage werden Sie wahrscheinlich kaum Links zu anderen Firmen herstellen. Sie wollen die Besucher auf Ihrer Seite halten. Bei Facebook ist diese Umsicht positiv für den Leser. Umfassende Informationen, die Ihr eigenes Unternehmen eventuell nur am Rande betreffen, führen zu einem besseren Verständnis – auch Ihres eigenen Angebots. Sie können Ihre Unternehmensvorteile belegen. Studien und wissenschaftliche Beiträge werden dabei gerne herangezogen. Die Gesamtheit macht Sie zu einem Experten auf Ihrem Gebiet, was sich als Verkaufsargument für Ihre Produkte anbietet.

Welchen Weg Sie gehen werden, steht im Zusammenhang mit Ihrer Unternehmensstrategie. Sie können ganz logisch an die Facebook-Strategie gehen: Warum würden Sie Ihre Zeit opfern, um auf x-beliebigen Firmenseiten zu surfen? Was würde Sie überzeugen, Firmenmeldungen mit »like« (= gefällt mir) zu bewerten, oder gar an Ihre Freunde weiterzuempfehlen? Eine lieblose Meldung, nur damit etwas auf Facebook veröffentlicht wird, sicherlich nicht. Hier setzt *Crossover-Marketing* an! **Überlegen Sie sich, was zu Ihrer Firmenstrategie passt.** Wenn Sie beispielsweise eine stärkere Kundenbindung erreichen möchten, dann sehen Sie zu, dass Ihre Kunden Informationen über Ihr Unternehmen vorfinden, die sie interessieren. KEINE Werbung! Sondern ein Statement von einem anderen Kunden, der das Produkt aus diesem speziellen Grund gekauft und für gut befunden hat. Oder einen Geschenkgutschein, der nur für Facebook-Kunden gilt. Oder Sie zeigen Ihr neuestes Produkt noch einen Tag vor der Markteinführung Ihren

Facebook-Kunden. Würde Ihre Kunden das interessieren? Probieren Sie es doch aus!

Wichtig ist, dass Sie Ihre Kunden nicht mit Informationsmüll überhäufen, sondern dass Sie Ihren Kunden Informationen bieten, die Ihrem Unternehmen ein Gesicht geben. Sieht Ihre Firmenstrategie vor, dass Sie Weltmarktführer in einem bestimmten Segment werden wollen, dann müssen Ihre Fotos eine höhere Qualität aufweisen, als wenn Sie ein Kleinunternehmer sind, der seine Kunden um die Ecke unterhalten möchte. Sehen Sie Facebook als Schnittstelle, die einen persönlichen Dialog zu Ihren Kunden übernimmt. Das ist so, wie wenn Sie sich mit einem alten Klassenkameraden nach 20 Jahren im Café zusammensetzen und austauschen, was aus Ihnen geworden ist und was derzeit gerade so läuft. Vielleicht zücken Sie Ihren Geldbeutel und knallen das Foto Ihrer Familie, Ihres Bootes und Ihres Megahauses auf den Tisch. Vielleicht zeigen Sie Ihre Visitenkarte und erzählen, dass Sie sich gerade neu verliebt haben. Als Unternehmen dürfen Sie gewisse Grenzen nicht überschreiten, aber Sie dürfen sich als Charakter präsentieren. Dinge, über die Sie lachen würden, die Sie aber nicht lächerlich machen. Geschichten aus Ihrem Firmenalltag, die keine Firmengeheimnisse preisgeben, die Sie aber besser beschreibt als die Homepage. Facebook ersetzt nicht die Homepage, das nur nebenbei. Die Homepage ist und bleibt die Visitenkarte Ihres Unternehmens. Facebook gibt Ihren Kunden jedoch ein Blick hinter die Kulissen.

Überlegen Sie sich also gut, weshalb Sie einen Facebook-Auftritt einrichten sollten. Gehen Sie hier nicht einfach so nebenher an die Sache, sondern geben Sie Ihrem Facebook-Auftritt ein Gewicht. Ihre Kunden werden das sofort merken! Überlegen Sie sich eine eigene Strategie. Überlegen Sie sich, wie Sie das umsetzen werden und vor allem WER das umsetzen wird. Sie haben die Möglichkeit, Facebook-Meldungen redaktionell im Vorfeld zu überlegen und aktuelle Nachrichten einfach einzufügen, wenn es so weit ist. Wenn Sie zum Beispiel eine Veranstaltung in einer guten Location geplant haben, dann können Sie das im Vorfeld einplanen. Bilder werden dann an der Veranstaltung gemacht, und schon haben Sie eine Meldung für diesen Zeitraum. Sie können diese Veranstaltung auch im Vorfeld ankündigen – aber dazu später mehr.

Leben Sie auch mit Facebook *Crossover-Marketing*. Schauen Sie über den Tellerrand und bringen Sie in Erfahrung, was sich in Ihrem Unternehmen so alles bewegt. Denken Sie immer aus Sicht eines Kunden, was interessant sein könnte. Egal, ob es im Bereich Rechnungswesen, Forschung & Entwicklung, Produktmanagement, Vertrieb, Produktion oder sonst wo ist, sicherlich gibt es überall Spannendes, das eine Kurzmeldung Wert ist. Aber prüfen Sie, ob es zu Ihrer Firmenstrategie und zu Ihrer Vision passt. Sie vermitteln durch Facebook ein Bild Ihres Unternehmens, das echt sein muss. Sie können zwar Dinge vorgaukeln, aber die Facebook-Nutzer sind nicht dumm. Und wenn Sie in Ungnade fallen, weil Sie sie für dumm verkaufen wollen, dann wird das leider auf Sie zurückfallen und einen größeren Schaden anrichten. Gehen Sie deshalb mit Bedacht und Aufrichtigkeit zu Werke. Wenn Sie Interessantes vermitteln, erhalten Sie auch 10.000 und mehr »Gefällt mir«-Angaben wie die großen Automobilhersteller mit jeder einzelnen Meldung. Bis dahin ist es aber ein Weg, der sauber bearbeitet werden muss.

Als ich die erste Facebook-Meldung eingestellt habe, war ich gefühlt jede Minute online, um zu schauen, ob denn schon jemand geklickt hat. Natürlich hatte noch niemand geklickt. Und es hat auch eine Weile gedauert, bis die ersten Leser auf die Seite geschaut hatten. Zu der Zeit war es schon toll, wenn 20 Personen meine Meldung angeschaut hatten. Und bei jedem Like war eine kleine Feier angesagt. Ein kleiner Dämpfer war vielleicht die ständige Nachfrage des Chefs: »Warum haben wir noch keine 10.000 Likes? Was machen Sie eigentlich den ganzen Tag? Das kann doch nicht so schwer sein, es gibt doch Millionen von Facebook-Nutzern. Wofür zahle ich Sie eigentlich! Das könnte ja mein Sohn besser als Sie!« Leider hat er mit seinem Sohn recht, denn der hat schon sage und schreibe 857 Fans. Kunststück, wenn er auch ständig Fotos von seiner Villa am See, dem letzten Adventure-Urlaub auf Honolulu und dem Segelturn im Roten Meer postet. Während ich ein Budget von sage und schreibe 0,00 Euro für Facebook habe und dafür 0,0 Mitarbeiter zur Verfügung habe …

Steter Tropfen höhlt den Stein. Lassen Sie den Kopf nicht hängen, wenn Sie nicht in der ersten Woche 1.000 Fans haben. So was braucht seine Zeit und muss sich auch erst mal herumsprechen. Überlegen Sie sich eine gute Facebook-Strategie, die zu Ihrem Unternehmen passt, und setzen Sie sie konsequent um. Resümieren Sie nach einigen Monaten, ob Ihre Facebook-Aktivitäten angenommen werden oder ob es keine Reaktion gibt. Dann sollten Sie nach Gründen suchen und einen Kurswechsel überlegen. Leider braucht alles seine Zeit – halten Sie durch!

Umsetzung – Sie sind bereit für eine unternehmenseigene Facebook-Seite, wenn …

- … Sie sich sicher sind, was Sie mit dieser Seite bezwecken wollen,
- … Sie über die Kapazität verfügen, täglich und dauerhaft Facebook zu bearbeiten,
- … Sie einen Mehrwert für Ihre Kunden und Interessenten schaffen können,
- … Sie über unterhaltsame und neue Informationen verfügen, die Sie veröffentlichen können.

Posten ist ein bisschen wie beim ersten Date – da zeigen Sie ja auch nicht Ihre Falten!

Gratulation, Sie haben Ihre Facebook-Seite eingerichtet!!! Und was genau sollen Sie jetzt posten? Voller Euphorie bin ich damals durch die Bürogänge getigert, den Fotoapparat im Anschlag, und wollte ein spannendes Bild für Facebook machen. Leider hat keiner den Monitor an die Wand geschmissen, es gab keine Büroparty (die gibt's doch sonst immer, was haben die eigentlich gemacht???) und auch sonst war nix los. Wie ein Lauffeuer hat sich herumgesprochen, dass ich Bilder für Facebook machen will. Da sind die Türen der Vierziger-Mitarbeiter gleich mal zugeknallt. »Geh mir weg mit dem Sch…! Von mir wirst Du sicherlich KEIN BILD veröffentlichen!« Danke für die Blumen. Wo kriege ich jetzt ein Foto her? Mein Chef hat sich immer so in Pose geschmissen, wenn ich an seiner Tür vorbeiging, und wurde immer saurer, dass ich ihn nicht fotografiert habe. Er hat dann ein paar Winke mit dem Zaunpfahl gegeben, dass das hier seine Schokoseite wäre und dass er gerade erst beim Friseur und der Maniküre war und …

Zwar sollte Facebook ein Medium sein, das die neuesten Infos aus Ihrem Unternehmen brandaktuell veröffentlicht, noch bevor irgendjemand anderes darüber berichtet. Es gibt nun leider auch Zeiten, in denen nichts Spannendes passiert. Und es gibt Zeiten, in denen eine besondere Nachricht nach der anderen eintrifft. Abhilfe schafft auch hier ein guter Plan – ein Redaktionsplan. Richten Sie einen eigenen Kalender für Facebook ein. Planen Sie diese Termine als mögliche Facebook-Posts ein:

- Messen
- Firmenveranstaltungen
- Besondere Events mit Kunden
- Jubiläen und Jahrestage

Posten ist ein bisschen wie beim ersten Date – da zeigen Sie ja auch nicht Ihre Falten!

- (Firmen-)Geburtstage
- Produkt-Neuerscheinungen oder Modellwechsel
- Gewinnspiele

Bevor Sie loslegen, ist es empfehlenswert, dass Sie sich überlegen, wie oft Sie pro Woche eine Meldung (Post) bringen wollen. Zwei- bis dreimal die Woche oder täglich. Sie können auch eine Variante über eine Zeit lang testen und dann sehen, ob Sie öfter posten möchten. Mehr als einmal täglich würde ich Ihnen als Unternehmen nicht empfehlen. Achten Sie darauf, dass Sie Ihre Posts ungefähr zur gleichen Zeit veröffentlichen, denn Ihre Kunden gewöhnen sich langsam an Ihren Rhythmus.

Wenn Sie Messen, Events und Produkt-Neuerscheinungen in Ihren Redaktionsplan eingepflegt haben, dann haben Sie je nach Ihrer Firmengröße entweder schon mehr oder eben auch weniger feste Termine. Empfehlenswert ist es, dass Sie ein Event, eine Messe oder die Produkt-Neuerscheinung nicht nur einmal, sondern mehrmals bringen: Ankündigung des Ereignisses im längeren Vorfeld, kurz davor nochmals vorankündigen, dann ein Statement von einer dritten Partei zu diesem Ereignis, das Ereignis selbst und dann noch mal eine (Bilder-)Nachlese danach. Das macht schon fünf Posts zu ein und demselben Thema. Planen Sie das auch in Ihren Redaktionskalender ein. Die Meldungen sollten ansprechend gemacht sein und keine Langeweile hervorrufen à la »schon wieder«. Gehen Sie nach diesem Kriterium nochmals alle eingeplanten Termine durch und Sie werden sehen, dass Sie schon eine Menge Post-Möglichkeiten haben, ohne Aktuelles zu benötigen. Das folgt im kommenden Schritt.

Über was könnten Sie denn sonst so schreiben? Was könnte Ihre Interessenten und Kunden noch interessieren? Die ganz aufmerksamen Leser haben längst gemerkt, dass ich immer öfters von »Interessenten« schreibe. Genau, die INTERESSENTEN! Was könnte

Personen interessieren, die Ihr Unternehmen nur per Zufall auf Facebook sehen? Da fällt Ihnen doch bestimmt etwas ein. Erklären Sie Ihre Produkte auf unterhaltsame Art und Weise. Stellen Sie einzelne Features heraus oder sprechen Sie über Ihre Firmenhistorie. Oder über die Entstehung eines Ihrer Produkte. Machen Sie doch ein Special oder eine Serie mit mehreren Meldungen daraus. Aber gehen Sie dabei behutsam vor. Stoßen Sie Ihre Facebook-Leser nicht vor den Kopf, sondern gehen Sie davon aus, dass man Sie als Unternehmen auch kennenlernen will. Stellen Sie sich vor, Sie sind beim ersten Date. Sie sind gespannt, wie Ihr Gegenüber so ist, welche Interessen er/sie hat, mit was er/sie sich so beschäftigt. Natürlich würden Sie gerne wissen, wie viel er/sie verdient, welches Auto er/sie in der Garage hat und was sich hinter der Hülle verbirgt. Aber wollen Sie zu diesem Zeitpunkt schon jede Falte und jedes Speckröllchen sehen? Eine Mischung aus Äußerlichkeiten und inneren Werten wird zielführender sein.

Gehen Sie nach diesem Schema auch bei Facebook vor. Geben Sie Ihren Fans, die Sie schon in- und auswendig kennen, Detailinformationen. Geben Sie aber Unternehmensneulingen Informationen, die Sie als Unternehmen näher beschreiben und interessant machen. Dabei spielt auch das Thema potenzieller Arbeitgeber eine Rolle, die nicht unterschätzt werden darf. Bewerber werden sich über Sie im Internet informieren, genauso wie Sie das umgekehrt bei Neueinstellungen machen. Je interessanter Ihr Unternehmen auf Facebook erscheint, umso größere Chancen werden Sie bei den jüngeren Generationen haben. Denn dieses Publikum LEBT Facebook und Social Media.

Haben Sie alle Ihre Überlegungen über mögliche Meldungen in Ihren Redaktionsplan eingestellt? Sie können direkt sehen, ob eine tägliche Meldung sinnvoll ist. Geben Sie aktuellen Ereignissen, die sich im Alltag ergeben, dennoch die Chance auf Vorzug. Das ist das Spannende an Facebook, man findet die neuesten Informationen. Noch vor allen anderen. Diesen Facebook-Vorzug sollten Sie berücksichtigen und bedienen. Ihr Redaktionsplan ist eine Ideenvorschau und nicht in Stein gemeißelt. Lassen Sie sich die Freiheit, eine eingeplante Serie zu einer Produktentwicklung ein paar Tage oder Wochen später zu bringen. Der Einzige, der den Unterschied kennt, sind Sie als Marketingverantwortlicher.

Noch ein Wort zu Gewinnspielen auf Facebook. Planen Sie Gewinnspiele und Geschenke ein. Hierzu lohnt es sich, Fachliteratur zu lesen. Da können Sie jede Menge Stolpersteine zu Fall bringen. Von Facebook gibt es eine lange Liste von Richtlinien, die Sie dabei beachten müssen. **Bitte beachten Sie die Richtlinien, sonst werden Sie von Facebook ausgeschlossen!** Ich möchte an dieser Stelle nicht näher darauf eingehen, weil das den Rahmen dieses Buches sprengen würde. Daher gehe ich davon aus, dass Sie sich darüber im Klaren sind, was ein Facebook-Gewinnspiel an Abstimmungsaufwand mit sich bringt, und ich rede lieber von den Vorteilen. Bei Facebook geht es auch um das Schenken. Beschenken Sie Ihre Fans! Das bringt zum einen Aufmerksamkeit und fördert die Bereitschaft Ihrer Fans, immer wieder auf Ihre Seite zu kommen. Zum anderen können Sie sich darüber Klarheit verschaffen, wie viele Fans und vor allem welche Fans Sie eigentlich haben. Sind das Freunde oder Familie, ist das die Konkurrenz (auch die machen gerne bei Gewinnspielen mit) oder sind das neue Interessenten, die sich mit Ihrer Firma identifizieren können? Und vielleicht langfristig Ihre Kunden werden! Auch darum geht es! Facebook soll kein Selbstzweck sein, sondern Ihrem Unternehmen hilfreich sein. Facebook eignet sich als Mittel zur Kundenbindung und auch als Richtungsweiser, was Ihre Kunden interessiert. Auch für Ihre Mitarbeiter ist das spannend. Schließen Sie sie NICHT aus, wie das gerne bei Gewinnspielen gemacht wird. Denn

Ihre Mitarbeiter erzählen gerne von IHRER Firma, wenn sie stolz darauf sind. Das ist Mund-zu-Mund-Propaganda, die wertvoll ist und vonseiten des Marketings gewünscht ist. Gerade das Weitererzählen ist es, was Ihnen mehr Fans für Ihre Facebook-Seite beschert. Und dann ist da noch die Frage nach dem Geschenk selbst. Das hängt natürlich von Ihrem Budget und Ihrer Unternehmensgröße ab. Wenn Sie große Geschenke machen können, dann ist das schön. Wenn es kleine Geschenke sind, dann ist das auch schön. Halten Sie aber einen gewissen Qualitätsstandard ein und nehmen Sie keine »Billigware«. Sonst wird die Qualität Ihrer Leistungserbringung damit in Verbindung gebracht.

Mein Chef wollte ja unbedingt, dass wir ein Android-Handy einer bekannten Marke mit der Frucht drauf verlosen. Bitte???? Mein Chef, der ja sonst keinen Penny rausrückt??? Ich dachte, ich höre nicht richtig. Ich musste erst mal zum doppelten Espresso greifen, damit ich wieder klar war. Also fing ich voller Vorfreude an, alles zu veranlassen, dass wir das Gewinnspiel in Angriff nehmen konnten. Dabei musste ich natürlich gleich allen meinen Bekannten weitersagen, dass ICH ein supertolles Gewinnspiel durchgesetzt habe, mit endlich mal einem SUPER Preis! Hinterher dachte ich mir, dass ich das vielleicht lieber hätte für mich behalten sollen, damit nur ich als Gewinnspielteilnehmer erscheine … Na ja, wir wollen mal nicht so sein. Da kam auch schon mein Chef um die Ecke und bringt mir seine Lieblingskekse mit und bietet mir sogar einen davon an!!! Oh Nachtigall … Wie das so wäre mit dem Gewinnspiel und ob ich genau den Überblick hätte, wer denn da so alles teilnimmt und wie wir dann die Verlosung durchführen wollen. Da ich ja so viel zu tun hätte, könnte er das doch übernehmen. Er hätte ja auch Spaß dran. Und sein Sohn wollte ihm dabei sicherlich gerne helfen. Sein Sohn findet die Idee ja auch SUPER mit dem Android, wo er doch so gerne auch eins hätte. Und gerade hätte mein Chef so viele private Ausgaben, dass das momentan nicht drin sei für seinen Sohn. Vielleicht ...

Umsetzung – diese Informationen passen auf Ihre Facebook-Seite:

- Aktuelle Informationen aus Ihrem Unternehmen
- Termine von Messen, Events, Produkt-Neuerscheinungen
- Specials über Produkte, Abteilungen, Firmengeschichte usw.
- Detailinformationen für Unternehmenskenner
- Erklärende Informationen zu Ihrem Unternehmen/Produkten für Neulinge
- Gewinnspiele

Facebook-Kommentare: Würden Sie Ihrem Lebenspartner den Mund verbieten?

Viele Unternehmen scheuen sich davor, auf Facebook aktiv zu werden, weil es einen Kontrollverlust bedeutet. Der Unterschied zum klassischen Marketing ist groß. Herkömmlich unterscheiden Sie als Marketingverantwortlicher, welche Informationen in welcher Art und auf welchem Weg zu Ihren Kunden gelangen. Das hat seither funktioniert und war okay. Manches kam dabei besser an, manches verpuffte. Das war auch okay und so einkalkuliert. Schlimmerer Schaden ließ sich dadurch abwenden, dass man alles nochmals checkt und überprüft, ob die Informationen auch positiv für das Unternehmen sind. Sogar die Wirkung lässt sich überprüfen und Sie haben sie sicherlich schon x-mal ausgewertet und vor Ihrem Chef präsentiert. **Und all das geben Sie mit Facebook auf!** Sie verlieren die Kontrolle über die Wirkung Ihrer Informationen.

Was Sie beabsichtigen, kann so passieren oder auch nicht. Sie gehen das Risiko ein, negativ kritisiert und angegriffen zu werden. Das lässt sich nicht beschönigen. Aber Sie gehen gleichzeitig die Chance ein, dass Sie als Unternehmen von einem größeren Publikum wahrgenommen werden und eine größere Kundenschicht ansprechen, die Sie mit klassischem Marketing nicht erreichen würden. Für weniger finanziellen Einsatz. Was ist Ihnen lieber?

Eine Eigenschaft von Facebook ist die Möglichkeit, Kommentare zuzulassen. Sie können diese Möglichkeit ausschalten und nicht zur Verfügung stellen. Aber das macht Sie unglaubwürdig. Über Erfolg und Nichterfolg entscheiden Sie! Sie wählen die Posts und Sie entscheiden, ob Sie auf Kommentare reagieren. Reagieren Sie souverän und nicht oberlehrerhaft. Akzeptieren Sie Ihre Facebook-Fans als ebenbürtige Gesprächspartner. Sie können ja mal versuchen, Ihrem Lebenspartner den Mund zu verbieten und eine Woche nicht mit ihm/ihr zu sprechen. Ist das für Ihre Beziehung förderlich? Ich möchte ja jetzt nicht aus dem Nähkästchen plaudern, aber die Erfahrung werden wir wohl alle schon gemacht haben …

Mein Chef ist da ja Meister. Er ist sehr impulsiv (gnädig ausgedrückt …) und demensprechend geht seine Gefühlswelt rauf und runter. Hinter vorgehaltener Hand fiel der Ausdruck »divenhaft«, ich habe es aber nicht gesagt!!! Jedenfalls wird der Chef ab und zu mal sauer. Manchmal besteht ein klitzekleiner Zusammenhang mit meinem Marketingbudgetantrag. Dann kann er stunden- und tagelang nicht mit mir reden. Verstehen Sie mich nicht falsch, ich respektiere meinen Chef! Das ist doch schon sehr erholsam so. Und ab und zu kommen mir kleinere Schreibfehler und Zahlendreher in meinen Budgetplanungen unter … Himmlische Ruhe, so ohne Ansprachen vom Chef!

Was ganz klar ist: Sie werden mit Ihrer Facebook-Seite nie ausschließlich Bewunderer haben. Ihr Unternehmen wird sicherlich an der einen oder anderen Stelle schon angeeckt sein. Ihre Konkurrenz wird Sie sicherlich auch nicht von Herzen lieben. Das ist normal und gehört zum Alltag eines Unternehmens. Sie haben es aber in der Hand, wie Sie mit positiven und auch negativen Kommentaren umgehen. Nichts zu unternehmen hilft nicht weiter. Reagieren Sie! Sprechen Sie via Facebook mit Ihren Fans und Kritikern. Das macht Sie glaubwürdig und gibt Ihrem Unternehmen ein Gesicht. Deshalb sollten Sie als Marketingverantwortlicher Facebook stark und aktuell im Blick haben und eben NICHT vom Praktikanten bearbeiten lassen. Jede Aussage kommt genauso bei Ihren Interessenten und Kunden an. Reagieren Sie zeitnah auf Kommentare und nicht erst Tage danach (Wochenende außen vor gelassen ...). Sie werden automatisch per Mail benachrichtigt, wenn Sie einen Kommentar auf Facebook erhalten. Sie können also nichts verpassen.

In unserem Unternehmen wurde Facebook in den Anfängen mit gemischten Gefühlen beobachtet. Ablehnung war teilweise stark spürbar. Erstaunlicherweise gab keiner zu, dass er auf Facebook die Unternehmensposts mitliest, trotzdem waren die meisten genau informiert. Es gibt ja auch keiner zu, dass er die Zeitung mit den vier großen Buchstaben liest. Wie kommen eigentlich die hohen Verkaufszahlen zustande? Jedenfalls hat es ca. ein Jahr gedauert, bis sich die ersten zu Facebook bekannt haben. Mittlerweile ist es kein Problem mehr, Fotos für Facebook zu machen. Nicht nur mein Chef ist ein beliebtes Fotomodell, sondern die Kollegen steuern schon selbst Fotos von abteilungsinternen Sitzungen und Feiern bei, die echt witzig und unterhaltsam sind. Irgendwie schafft mein Chef es jedes Mal mit aufs Foto. Und jedes Mal von seiner Schokoseite. Wie er das wohl macht? Keine Ahnung.

Wenn Sie die Schwelle überschritten haben, dass Sie Kommentare zu Ihren Meldungen erhalten und Sie auch darauf antworten, dann werden Sie daraus auch Motivation schöpfen. Bestenfalls erhalten Sie die Aufforderung, so weiterzumachen. Gibt es ein schöneres Lob? Steigende Fan-Zahlen sind auch ermutigend, müssen aber nicht ausschlaggebend sein. Nicht jedes Unternehmen schafft fünf Millionen Fans, muss es auch nicht. Die Qualität der Fans und deren Treue sind nicht zu unterschätzen und werden sich langfristig auf Ihre Kundenbeziehungen auswirken. Vielleicht erhalten Sie auch Kommentare zu Produktwünschen, die Ihre Kunden haben. Möglich, dass Sie diese Informationen sonst nicht erhalten hätten und genau das potenziellen Kunden fehlt, um Ihr Produkt zu kaufen. Nehmen Sie diese Kommentare ernst und lassen sie Sie in Ihre Produktentwicklung einfließen. Wenn Sie das umsetzen sollten, kommunizieren Sie es auf Facebook. Ihre Fans werden es Ihnen danken und Sie werden neue Kunden erhalten. **Darum geht es im Marketing. Und im *Crossover-Marketing.* Schauen Sie über den Tellerrand hinaus und gehen Sie ungewöhnliche Wege. Verbinden Sie Kommunikationskanäle und einzelne Firmenbereiche, die sonst nicht ins Marketing einbezogen werden. Der langfristige Erfolg wird Ihnen recht geben.** Dadurch erhalten Sie die Chance, Zusammenhänge besser zu verstehen und für Ihre Unternehmenskommunikation zu nutzen. Dadurch erhalten Ihre Fans einen besseren Einblick und Ihr Unternehmen bekommt ein Gesicht.

Umsetzung – so nutzen Sie Facebook als Kommunikationsinstrument:

- Reagieren Sie auf Kommentare und beantworten Sie diese auf angenehme Art.
- Fordern Sie Ihre Fans zu Kommentaren auf, indem Sie Fragen stellen.
- Leiten Sie Reaktionen an andere Abteilungen weiter, die betroffen sind.
- Halten Sie Ihre Fans auf dem Laufenden, wenn Sie Produktanregungen aktiv im Unternehmen bearbeiten.
- Behandeln Sie Ihre Leser und Fans wie reale Gesprächspartner und führen Sie keine Monologe.

NEWSLETTER: HYPE, NOTWENDIGKEIT ODER »ICH KANN'S NICHT MEHR HÖREN!«

Hätten Sie mich zu diesem Thema vor ein, zwei Jahren gefragt, hätte ich sicherlich gesagt: Sie brauchen UNBEDINGT einen Newsletter. Mindestens viermal jährlich, besser sechs- bis achtmal pro Jahr. Sie werden sicherlich Ihre eigene Meinung zu diesem Thema haben. Mit nahezu keinen Kosten können Sie online Ihre News einem breiten Publikum mitteilen. Darauf ist mittlerweile auch schon Hinz und Kunz gekommen. Mein Chef verschickt schon private Newsletter mit den neuesten Highlights aus seinem privaten Fotoalbum. Selbstverständlich nur an seine Golf- und Polo-Kumpels. Ach und an die Segel-Kumpels. Und seine Kumpels vom privaten Wohnblock auf einer Schickeria-Insel. Ich konnte einmal einen Blick über seine Schulter riskieren, bevor er ganz schnell die Bildschirmansicht gesperrt hat. Bei mir gab es da eine Mundsperre, denn ich konnte einen Blick auf seinen Pool erhaschen. »Pool« ist stark untertrieben, glauben Sie mir! Spa-Bereich, glasüberdacht mit Palmen und Liegestühlen und allem Chichi, ich würde da ja gerne mal Urlaub machen. Wie passt das eigentlich damit zusammen, dass letztes Jahr keine Gewinnbeteiligung ausgezahlt wurde? Schlechte Zeiten und so, Gürtel enger schnallen und Rücklagen bilden, damit wir gestärkt aus der Krise gehen können. Ich dachte, wir hätten so viel Umsatz wie noch nie gemacht. Vielleicht meint er mit »Rücklagen« die Stuhlauflagen auf seinen maßangefertigten Liegestühlen???

Geht Ihnen das auch so, dass Sie täglich eine Unmenge von Newslettern erhalten? Würde man die alle ganz ausführlich lesen, dann könnte man damit sicherlich schon die Hälfte des Arbeitstages damit verbringen. Hätte ja auch so seine Vorteile, aber mein Chef würde das wahrscheinlich etwas anders sehen … Mittlerweile haben einige Unternehmen, Verbände und Magazine den Newsletter als DAS Marketinginstrument für sich erkannt. Da kommen dann die neuesten News aus Industrie und Forschung, meist in witzige Kommentare verpackt. Jeden Tag mit einer neuen Schote, so ca. vier News jeweils, viele Links und pünktlich morgens um acht Uhr. Natürlich bin ich um diese Zeit noch nicht im Büro, ich bin doch im Marketing!!! Aber ich sehe das während meines morgendlichen Kaffeetrinkens. Da gibt mein Handy mit dem schicken Design ständig Pieptöne von sich, wenn neue Mails eintrudeln. Und das schicke Handy ist mein eigenes, denn mein Chef würde mir das NIIIIIE als Firmenhandy zur Verfügung stellen. Mir doch nicht! Höchstens seinem Sohn, seiner Frau und seinem Hundesitter. So als Zeichen der Familienzugehörigkeit und so.

Spannend sind auch die Newsletter, in denen ein leerer, weißer Kasten unter dem anderen auftaucht und man gar nicht weiß, wer den Newsletter eigentlich geschrieben hat. Aufschluss gibt dann die Zustimmung zum Bilder-Herunterladen. Da können ganz interessante Nachrichten drinstehen, landen aber sehr gerne im Junk, weil sich der Leser keine Mühe machen will, erst mal an die Bilder zu kommen.

In einem plötzlichen Anfall von völligem Genervtsein habe ich alle Newsletter-Absender als Junk eingestuft. Das war super, denn mein Posteingang leerte sich wie von Zauberhand. Eine Radikalkur war aber auch nicht der wahre Jakob. Das ging eine Weile gut, dann fehlten mir meine Newsletter plötzlich und schwuppdiwupp, habe ich einen nach dem anderen wieder aus dem Junkfilter herausgenommen. Man muss ja auch informiert sein. Irgendwie steht doch immer wieder was Interessantes drin. Und man sollte ja schließlich über die Neuigkeiten der Kunden und Konkurrenz informiert sein. Doch die Kehrseite: Es sind einfach zu viele Newsletter. Manche überfliege ich kurz, denn oftmals stehen doch spannende, wichtige oder gute Nachrichten drin, die für unser Unternehmen wichtig sind. Oder es gibt Entwicklungen im Marketing oder bei der Konkurrenz, die meine Arbeit weitestgehend betreffen. Newsletter sind für mich eine Form der Marktbeobachtung. Aber zu viel ist einfach zu viel. Und die meisten Newsletter lösche ich ganz einfach. Interessanterweise bestelle ich sie aber nicht ab.

Das hat seine Gründe. Auch ich gebe Newsletter heraus. Denn die Kunden und Kontakte unseres Unternehmens möchten gerne in dieser Form erfahren, was es Neues gibt. Das war auch der Grund, weshalb wir den Newsletter damals gestartet hatten. Die Onlinevariante spart das Budget für Druckkosten und die Kunden lesen den Newsletter tatsächlich. Das lässt sich dank kostenloser Newsletter-Dienste problemlos nachverfolgen. Und es bringt mehr Besucher auf die Homepage. Auch das lässt sich eindeutig feststellen. Ihr Homepageseiten-Dienst wird Ihnen diese Auswertungen auch liefern können. Aber die Kunden lesen das erst, seitdem wir Newsletter nicht mehr als Werbung sehen, sondern als ein Instrument, das spannende Informationen aus unserem Unternehmen mit Mehrwert für den Kunden liefert. **Darin kommen selbstverständlich unsere Produkte vor, aber mit dem Unterschied, dass der Nutzen für den Kunden klar wird! Hier kommt *Crossover-Marketing* zum Einsatz.** Wir bekommen seither auch Antworten auf den Newsletter mit Glückwünschen zum gelungenen Newsletter und die Rückmeldung, dass sich die Kunden darüber freuen. Das ist mehr, als man erwarten kann. Wichtig ist zudem, dass der Newsletter nicht allzu oft erscheint. Dreimal jährlich reicht eigentlich völlig aus, es sei denn, etwas Weltbewegendes kommt dazwischen. Dann muss das nicht in Stein gemeißelt sein, sondern darf angepasst werden.

Die Qual der Wahl haben Sie bei der Optik des Newsletters. Unterziehen Sie die Newsletter, die Sie erhalten, einer genauen Untersuchung: Was gefällt Ihnen, was gefällt Ihnen nicht? Fassen Sie die Punkte, die Ihnen wichtig erscheinen, zusammen. So erhalten Sie einen Überblick, worauf Sie bei Ihrem eigenen Newsletter eingehen möchten. Passen Sie Ihre Anforderungen an das Unternehmenserscheinungsbild an. Kostenlose Newsletter-Software bieten mittlerweile unterschiedliche Designs und Aufteilungen an. Mit wenigen Handgriffen lässt sich der Newsletter in der Editorenansicht an die eigenen Anforderungen anpassen. Durch gezielte Auswahl von Hintergründen oder Schriftarten haben Sie schnell die Linie zu Ihrer Corporate Identity gefunden.

Für schmale Budgets ist diese Art der Kundenkommunikation gut geeignet. Die einzigen Kosten, die hierfür anfallen, ist Ihre Zeit und, wenn gewünscht, professionelle Bilder von Fotoanbietern. Beachten Sie bei Anbietern von Newsletter-Software jedoch, dass es Einschränkungen im Versand der Mails gibt. Manche Anbieter stellen eine gewisse Anzahl von Mails pro Monat kostenlos zur Verfügung, was darüber hinausgeht, wird kostenpflichtig.

Newsletter per Mail zu verschicken ist für manchen ein Unding. Da wird eher die Broschüre in Hochglanz erwartet. Gutes Design, gute Artikel und informativ. Ich finde das auch schön und lese das sehr gerne. Aber mit kleinem Budget ist das nicht zu machen. Druckkosten fallen an, eine Grafikagentur muss das Design erstellen und dann brauchen Sie auch noch richtig gute Beiträge. Ihr Newsletter soll ja auch nicht wie der Pizzaflyer von nebenan aussehen – das hatten wir ja schon. Versandkosten fallen dann ins Gewicht, wenn Sie eben nicht nur eine Handvoll Kunden haben, sondern mehrere Hundert oder Tausend. Da kommt eine Menge zusammen. Wenn Ihr Marketingbudget das zulässt, dann können Sie gerne diesen Weg wählen. Ein guter Newsletter, der per Post ins Haus flattert, wird sicherlich in die Hand genommen und darin geblättert. Wenn Sie dieses Budget nicht zur Verfügung haben oder andere Schwerpunkte bei Ihren Ausgaben setzen, dann können Sie den elektronischen Newsletter nutzen.

Sie sollten einige Punkte beachten, wenn Sie einen Newsletter per Mail versenden:

- Keine Informationsflut
- Informationen kurz erläutern
- Lust auf mehr machen
- Keine Werbung für Ihre Produkte, sondern Information über Ihre Produkte
- Interessante News

Überfordern Sie Ihre Leser nicht! Das heißt nicht, dass Ihre Leser dumm sind, ganz im Gegenteil! Drei bis vier Neuigkeiten reichen völlig aus. Und diese Neuigkeiten sollten Sie nicht in aller Ausführlichkeit beschreiben. Auch hier gilt: Weniger ist mehr. Ein kurzer Absatz je Thematik reicht völlig aus. Versehen Sie das Ganze mit einem Link zu Ihrer Homepage, wo man sich weitergehend informieren kann, wenn das Bedürfnis besteht. Ihre Leser erhalten nicht nur Ihren Newsletter, sondern am selben Tag noch einige weitere. Gehen Sie davon aus, dass Ihre Leser sich auf IHREN Newsletter freuen. Enttäuschen Sie Ihre Leser nicht. Wählen Sie Informationen, die Ihre Leser noch nicht kennen – wenn Sie bereits Kunden sind oder schon mit Ihrem Unternehmen in Kontakt waren. Informationen, die zum Weiterlesen animieren. Das können neue Entwicklungen oder Produkte sein, neue Kundenreferenz-Projekte, Veranstaltungen oder auch ein Firmenjubiläum oder eine Auszeichnung. Vor einiger Zeit habe ich mich mit einem Marketingkollegen über Newsletter unterhalten. Seine Kunden WOLLTEN unbedingt öfters Newsletter. Nach vielen Nachfragen war er so genervt, dass er einen täglichen Newsletter herausbrachte. Das hat seine Kunden wiederum so genervt, dass sie sich massiv beschwert haben. Mittlerweile bringt er einen Newsletter zweimal jährlich heraus, der – ohne Witz – 20 Seiten umfasst. Darüber sind weder er noch seine Leser glücklich.

Crossover-Marketing erfordert auch beim Newsletter das Gespür für den richtigen Weg. Finden Sie die richtige Mischung, indem Sie Ihre Kunden, die Entwicklungen in Ihrem Unternehmen und das passende Marketinginstrument wählen. Vielleicht brauchen Sie keinen Newsletter, weil Sie in ständigem Kontakt mit Ihren Kunden sind? Vielleicht sind Ihre Kunden so aktiv, dass Sie von selbst auf Sie oder Ihre Homepage zugreifen? **Sie müssen keinen Newsletter machen, nur damit Sie einen haben! Sie sollten dann einen Newsletter anbieten, wenn es zu Ihnen passt und Sie davon überzeugt sind, dass Sie damit Ihren Kunden einen Mehrwert bieten!**

Newsletter sind streng genommen Werbung für Ihr Unternehmen. Aber lassen Sie Newsletter nicht als Werbung erscheinen! Es ist ein Unterschied, ob Sie darüber berichten, dass Sie das Produkt XYZ in Ihrem Sortiment haben, oder ob Sie berichten, dass das Produkt XYZ gerade eine Auszeichnung gewonnen hat und Sie anlässlich des 1000. verkauften Exemplars einen Gewinn verlosen. Welche Variante würden Sie überfliegen und welche würden Sie mit mehr Interesse lesen?

Bei der Erstellung eines Newsletters geraten Sie leicht in den »Mehr-Informationen-Strudel«. Da weiß der Chef noch etwas, was auch unbedingt rein sollte, dann möchten Sie vielleicht noch mehr erklären und Ihr Mitarbeiter hat noch eine ganz andere Idee. Bleiben Sie konsequent und fassen Sie sich kurz! Und steuern Sie gute Bilder zu Ihren Neuigkeiten bei. Ein gutes Bild ist eventuell der

Auslöser dafür, dass Ihre Kunden den Newsletter auch tatsächlich lesen! Das sollte aber ein gutes Bild sein, das nicht nach Schnappschuss von der letzten Firmenfeier aussieht. Firmenfeiern haben ja auch öfter den schlechten Nachgeschmack, dass man lieber vergessen möchte, was passiert ist. Zu viel Alkohol, zu viel getanzt, zu viele schlechte Witze erzählt und zu freundschaftlich mit dem Chef geredet. Das kenne ich nur vom HÖRENSAGEN! Bei einer gelungenen Feier würde mein Chef mir gegenüber nur betonen, dass das wieder viel zu viel Geld gekostet hat. Dass die belegten Brötchen auch ohne Butter unter der Wurst und ohne Salatgarnierung gereicht hätten. Und dass er dafür jetzt so viel Geld ausgegeben hat, dass die Weihnachtsgeschenke für die Mitarbeiter dieses Jahr gestrichen sind. Und wenn ich meinen Budgetrahmen weiterhin so strapaziere, dann wird das nichts mit der Leistungszulage. Ich bin KEIN FREUND VON FIRMENFEIERN!

Unterziehen Sie den Newsletter auch der Überprüfung hinsichtlich Ihrer Unternehmens- und Marketingstrategie. Welchen Mehrwert soll der Newsletter Ihren Kunden bieten? Geht es um Kundenbindung oder um das Bewerben Ihrer Produkte und Leistungen? Ist der Newsletter eine Möglichkeit, Distanz zum Kunden zu überbrücken, der nicht regelmäßig in Ihrem Unternehmen vorbeikommen kann? Je nach Zielsetzung wird Ihr Newsletter andere Informationen beinhalten. Auch hier gibt es kein Allheilmittel, denn jedes Unternehmen ist anders und hat andere Anforderungen. Finden Sie Ihren Weg und überlegen Sie, wie oft, in welchem Umfang und in welcher Art Ihr Newsletter erscheinen soll. Er muss zu Ihrem Unternehmen passen.

Umsetzung – Ihr Newsletter per Mail sollte ...

- ... kurze und interessante Nachrichten aus Ihrem Unternehmen oder Unternehmensumfeld enthalten,
- ... Ihren Lesern einen Mehrwert bieten,
- ... es Ihren Lesern über einen Link auf Ihre Homepage ermöglichen, dort mehr zu diesen Themen zu erfahren,
- ... Bilder enthalten, die zum Lesen des Newsletters animieren,
- ... icht zu oft erscheinen,
- ... KURZ sein!!!

SIE WOLLEN STAR AUF YOUTUBE WERDEN – GENAU WIE MILLIONEN VON VIDEOPRODUZENTEN …

Youtube ist einfach Kult! Selbst meine Kinder kennen Youtube und auf dem Schulhof wird nicht selten über das neueste, heftige oder verrückte Video geredet. Sehr beliebt sind auch die Videos, auf denen Angestellte ihre Wut über den Chef freien Lauf lassen. Monitore, die an die Wand fliegen, Stühle, die auf dem Bürotisch zerschmettert werden, oder die niedlichen Kätzchen, die jüngere Mitarbeiterinnen gerne mal per Rundmail versenden. Nicht, dass ich mich an solchen Rundmail-Versandaktionen beteilige … Aber als neulich der Kollege einen Austicker hatte, weil der Chef seine Idee erst abgeschmettert und danach als seine eigene Idee vor allen präsentiert hat, da hätte ich ja gerne mal einen Videomitschnitt gemacht. Seither haben wir geschätzte 27 Tassen weniger im Schrank. Also, nicht im übertragenen Sinn oder so …

Es gehört ja auch zum guten Ton, dass man als Unternehmen einen eigenen Youtube-Kanal hat. Haben Sie einen? Der Sohn vom Chef hat ja einen eigenen Youtube-Kanal mit beneidenswerten 7321 Abonnenten. Ist ja auch kein Kunststück, wenn man ständig die eigene Jacht und den letzten Segelturn filmen kann oder einen Löwen von der letzten Safari, der gerade vor der Linse ein Gnu verspeist und solche Sachen. Wie soll ich denn bitte solche Filme drehen lassen, wenn ich gerade mal ein Budget von 0,00 Euro zur Verfügung habe? Und das soll ich auch noch gut einteilen! Danke, Chef!

Auch hier stellt sich wieder die Frage, welchen Mehrwert Sie sich als Unternehmen und für Ihre Kunden von einem eigenen Youtube-Kanal versprechen:

- Wollen Sie einfach auf Youtube präsent sein?
- Wollen Sie Ihre Kunden unterhalten?
- Wollen Sie Werbung für Ihre Produkte und Leistungen machen?
- Wollen Sie Ihre Produkte und deren Anwendungsfelder beschreiben?
- Ist das eine Art »Bedienungsanleitung« für Ihre Produkte?
- Zeigen Sie sich oder Ihre Mitarbeiter bei der Arbeit?
- **Was hat der Kunde davon, wenn er seine kostbare Zeit dazu verwendet, Ihre Filme auf Ihrem Youtube-Kanal zu sehen?**

Youtube kann dazu beitragen, Ihnen eine größere Bekanntheit zu verschaffen und damit auch Ihren Produkten zu mehr Absatz zu verhelfen. Doch für Youtube gilt auch, was für die meisten anderen Social-Media-Kanäle gilt: Die Aufmerksamkeit der Zuschauer gilt nur kurz und die gewissenhafte und professionelle Bearbeitung kostet Zeit! Sobald Agenturen zur Erstellung von Videos eingeschalten werden, können die Kosten schnell höher werden. Gehen wir jedoch der Reihe nach durch:

- Wollen Sie einfach auf Youtube präsent sein?
- Wollen Sie Ihre Kunden unterhalten?
- Wollen Sie Werbung für Ihre Produkte und Leistungen machen?

Was nützt Ihnen als Unternehmen ein Youtube-Kanal? Und was nützt es Ihren Kunden? Kennt und nutzt Ihre Zielgruppe Youtube? Gerade weil die Erstellung von Videos nicht nebenher geht, sondern viel Zeit und Überlegung benötigt, sollten Sie sich über die Zielsetzung klar werden. Was möchten Sie erreichen? Youtube kann Ihnen Unterstützung in der Erklärung Ihrer Produkte geben. Sie können Ihr Produkt im Einsatz zeigen, was sicherlich leichter verständlich ist als das Lesen der Inhaltsbeschreibung. Youtube kann sehr hilfreich als Verkaufsunterstützung sein. Werbung im engeren Sinne, allerdings unterhaltsamer und in eine Geschichte eingebunden. In eineinhalb bis zwei Minuten können Sie Geschichten mit Ihren Produkten erzählen oder Anwender zu Wort kommen lassen. Diese Form der Werbung kommt besser an als reine Werbefilme.

Wir werden heutzutage mit Informationen überflutet. Ihren Kunden geht das ebenso wie Ihnen selbst. Ziehen Sie in Ihre Überlegungen diese Tatsache mit ein. Und beantworten Sie die Frage, warum Ihre Kunden Ihr Video schauen sollten. Die Erstellung von Videos ist für ein Unternehmen immer eine spannende Sache. Für den Kunden gilt das leider nicht. Er wird Ihr Video nur dann anschauen, wenn sein Interesse geweckt wird. In den seltensten Fällen wird ein Video bis zum Schluss angeschaut, aber dazu später mehr.

- Wollen Sie Ihre Produkte und deren Anwendungsfelder beschreiben?
- Ist das eine Art »Bedienungsanleitung« für Ihre Produkte?

Für einen Youtube-Kanal spricht das Zeigen von Tutorials, sogenannte Filme, die ein Produkt oder die ersten Schritte bei seiner Anwendung erklären und vorstellen. Da wird der Kunde an die Hand genommen und Schritt für Schritt gezeigt, welches Knöpfchen gedrückt werden muss oder wie eine Maschine in Betrieb genommen wird oder wie ein Programm gestartet wird. Das ist natürlich leichter verständlich als eine Bedienungsanleitung auf Papier, wo Sie erst mühsam herausfinden müssen, ob Zapfen A und Schraube B in Vertiefung C angebracht werden muss – aber wo und was ist Vertiefung C??? Sehen und verstehen, darum geht es in den Tutorials. Wenn Sie das als Kundenservice sehen, dann wählen Sie diesen Weg. Wenn es Ihren Kunden hilft, Ihre Produkte besser zu verstehen und anzuwenden, dann ist das der Mehrwert, den Sie dazu beitragen. Wir betrachten das im nachfolgenden Kapitel genauer.

- Zeigen Sie sich oder Ihre Mitarbeiter bei der Arbeit?

Bei diesem Punkt heißt es: aufgepasst! Hier sollten Sie mehrere Punkte beachten, bevor Sie Mitarbeiter auf Youtube zeigen. Ohne Erlaubnis dürfen Sie keine Mitarbeiter auf Youtube veröffentlichen – am besten eine schriftliche Bestätigung einholen. Wenn Ihre Unternehmenskommunikation darauf ausgelegt ist, ökologisch und umweltschonend zu sein, dann müssen Sie stark aufpassen, was Sie in dieser Art von Video zeigen. Dann sollte Wegwerfgeschirr und Plastikmüll nicht im Bildhintergrund auftauchen. Wenn Sie sich als professionelles Unternehmen präsentieren, sollte die Deckenlampe nicht als blanke Glühbirne mit herausschauenden Stromkabeln zu sehen sein. Unternehmenskommunikation, Unternehmensstrategie und Video müssen im Einklang stehen, sonst werden Sie unglaubwürdig.

Nicht jeder Mitarbeiter ist für einen Auftritt geeignet. Fremdschämen sollte sich der Zuschauer nicht. Hier müssen Sie beide Parteien schützen. Sollten Sie Mitarbeiter bei der Arbeit zeigen wollen, dann eignen sich dafür gut Produktionsabläufe. Firmeninterna sollten dabei nicht gezeigt werden, damit Sie Ihren Wettbewerbsvorteil nicht aufgeben. Die Konkurrenz wird Ihr Video sicher auch sehen. Diese Art von Filme gibt auch möglichen Bewerbern Hinweise, ob Ihr Unternehmen als Arbeitgeber interessant ist – oder nicht. Ein flapsiger Umgangston, der eigentlich spaßig gemeint ist, kann nach außen hin unverschämt wirken. Spaß an der Arbeit kann andererseits attraktiv auf potenzielle Bewerber wirken.

- Was hat der Kunde davon, wenn er seine kostbare Zeit dazu verwendet, Ihre Filme auf Ihrem Youtube-Kanal zu sehen?

Sie konkurrieren in der Social-Media-Welt um Zeit und Aufmerksamkeit. Warum sollten der Kunde und der potenzielle Kunde Ihnen Zeit schenken und sich Ihrem Youtube-Angebot widmen? Aus Unternehmenssicht lautet die Antwort kurz und bündig: Sie können sich durch Videos auf eine unterhaltsame und informative Art präsentieren. Diese Möglichkeit bieten Texte und unbewegte Bilder nicht. Gehen Sie den *Crossover-Marketing* Weg und kombinieren Sie die Social-Media-Kanäle mit Ihrer herkömmlichen Marketingarbeit. Das Zusammenspiel zwischen Homepage, Broschüren, Präsentation, Facebook und auch Youtube macht Sie als Unternehmen interessant. Kunden haben unterschiedliche Bedürfnisse in der Aufnahme von Informationen. Manche möchten reine Fachinformationen, andere brauchen Bilder und Geschichten, um Ihr Produkt zu verstehen. Youtube bietet hervorragende Möglichkeiten, Produkte visuell darzustellen. Ein Bild sagt mehr als 1000 Worte.

Aus Kundensicht wird die Antwort mehrstufiger ausfallen. Manch einer möchte einfach mal schauen, was Sie als Unternehmen überhaupt machen. Ein anderer möchte eine konkrete Anleitung zu einem Feature. Dann gibt es noch diejenigen, die gerne gute Unterhaltung und Neuigkeiten sehen. Mitarbeiter möchten ihren Arbeitgeber zeigen. Andere möchten sich noch überzeugen lassen, ob sie Ihr Produkt auch wirklich kaufen. Es gibt unzählige Möglichkeiten, weshalb jemand Ihr Video sehen wird. Der Zufall spielt auch eine Rolle. Alle Gründe und Ursachen werden Sie nicht bedienen können. Legen Sie sich auf eine Zielrichtung fest und bearbeiten Sie diese mit Nachdruck. Der Mehrwert für den Kunden sollte immer oberstes Ziel sein.

Umsetzung – bevor Sie auf Youtube aktiv werden, sollten Sie …

- … wissen, wen Sie erreichen wollen,
- … sich im Klaren darüber sein, welche Inhalte Sie vermitteln möchten,
- … sich über die Vor- und Nachteile bewusst sein, die Ihrem Unternehmen durch Youtube-Aktivitäten entstehen,
- … genau überprüfen, ob Sie genügend interessantes Material zur Verfügung stellen können, um mehr als ein Video zu veröffentlichen.

Tutorials mit einer Spielzeit von zehn Minuten sind für die Tonne

Youtube bietet seinen Kunden zahlreiche Auswertungsmöglichkeiten an. So können Sie unter anderem sehen, an welcher Stelle Ihres Videos Zuschauer aussteigen. Das ist manchmal wirklich bitter, wenn der Höhepunkt Ihres Videos am Schluss kommt und nicht angesehen wird. Da ist das Publikum gnadenlos. Youtube-Star zu werden ist nicht jedem vergönnt. Vielleicht schaffen Sie es als Unternehmen, vielleicht auch nicht. Darum geht es hierbei aber nicht. Behalten Sie den Mehrwert für Ihre Kunden im Fokus.

Tutorials, also eine Form von Anwendervideos oder auch Anleitungsvideos, bieten Ihren Kunden einen Vorteil. Sie lernen in kürzester Zeit, wie Sie Ihre Produkte anwenden. Dazu müssen sie nicht einmal die Bedienungsanleitung durchlesen, sondern können jeden Schritt am Bildschirm verfolgen und ihn leicht nachmachen. Klingt leicht, könnte es auch sein. Doch wie so oft im Leben sind auch hier Stolpersteine, denen man ausweichen muss.

Welche Assoziationen haben Sie bei dem Wort »oberlehrerhaft«? Kommt Ihnen da der verhasste Lehrer in den Sinn, der Sie 100-mal einen Satz hat schreiben lassen oder Sie wiederholt eine Tätigkeit machen ließ, »nicht zur Strafe, nur zur Übung«? Wahrscheinlich haben Sie es auf diese Weise schon gelernt, aber mit welchem Nachgeschmack … Oberlehrerhafte Tutorials werden die Zuschauer nicht dazu veranlassen, das Video bis zum Ende zu schauen. Wir wollen uns nicht belehren lassen, sondern wir wollen brauchbare Informationen, schnell, kurz, leicht verständlich. Entsprechen Sie diesen Ansprüchen mit Ihren Tutorials.

Eine Reaktion sollten Sie dabei nicht auslösen: Fremdschämen. Der Meister im Blaumann, der in tiefstem Dialekt in seinem

Hinterhof Maschinenteile nuschelnd erklärt, die nervöse ITlerin, die ihre Hände verknotet und in jedem Satz 40 »äh« unterbringt, der junge Mitarbeiter, der das Tutorial mit einer Gesangseinlage startet, weil er so gerne mal Gesangsstar werden wollte – das hat seine Wirkung. Aber nicht die erwünschte . Nicht jeder hat das Talent, sich vor der Kamera gut zu präsentieren. Muss auch nicht sein. Überlegen Sie bei Ihren Tutorials, ob Sie einen Schauspieler engagieren, oder achten Sie zumindest darauf, dass Ihre Protagonisten glaubhaft und telegen rüberkommen. Oder verzichten Sie auf reale Personen, wenn Ihr Produkt das zulässt. Aber fangen Sie bitte nicht an, Playmobil-Figuren für Tutorials zu verwenden. Das gab es schon und das müssen Sie nicht machen. Außer Sie verkaufen Playmobil-Figuren. Oder haben mit der Herstellung in irgendeiner Form zu tun.

Time is money. Mit Youtube können Sie, wenn Sie es geschickt anstellen, Geld verdienen. Mir ist das noch nicht gelungen und vermutlich 90 Prozent der Youtube-Szene auch nicht. Aber Sie werden als Marketingverantwortlicher indirekt mit Youtube Geld verdienen. Wenn Youtube Ihr Marketinginstrument ist, das Sie für die Kommunikation mit dem Kunden einsetzen, dann werden Sie damit Geld verdienen. Das wird sich über kurz oder lang in Ihren Kundenbeziehungen und Ihrem Absatz widerspiegeln. Auch für Ihre Zuschauer gilt: Time is money. Sie werden Ihnen nur eine gewisse Zeit für Ihre Videos zur Verfügung stellen und schnell entscheiden, ob sich der Einsatz für sie lohnt.

Tutorials, die länger als drei Minuten dauern, werden nicht mehr angesehen. Versuchen Sie, kurz und bündig zu bleiben. Peilen Sie eineinhalb Minuten für ein Tutorial an. Natürlich können Sie ein hochkomplexes Produkt nicht in eineinhalb Minuten in aller Ausführlichkeit erklären, auseinander- und zusammenbauen und dann auch noch jedes Feature erläutern. Nein, darum geht es nicht. Sie können sich aber Teilaspekte für Tutorials auswählen. Zum Beispiel:

- Erste Schritte mit Ihrem Produkt
- Erster Zusammenbau des Produkts
- Erklärung von einer einzigen Funktion des Produkts
- Vorteile des Produkts
- Anwendungsbereiche Ihres Produkts

Damit haben Sie Ihrem Kunden erspart, dass er sich durch minutenlanges Videomaterial durcharbeiten muss, bis er zu der Stelle gelangt, die seine Frage beantwortet. Abgesehen davon werden sich die wenigsten Zuschauer die Mühe machen, so lange zu suchen. Tutorials können Ihrem Unternehmen Zeit und Kosten sparen. Lassen Sie Ihre Kunden wissen, dass Sie Tutorials zu unterschiedlichen Themen bereitstellen. Alles, was hier beantwortet wird, müssen Sie nicht in persönlichen Gesprächen beantworten. Persönlicher Kontakt ist gut und wünschenswert, aber er kostet auch Geld. Nicht jedes Unternehmen kann das umfassend leisten. Ein guter Kundenservice kann jedoch sein, dass genau diese FAQs (frequently asked questions = am häufigsten gestellte Fragen) per Video gut beantwortet werden. Der Kunde hat die Möglichkeit, bei Tag und Nacht Antworten zu finden, und ist an keine telefonischen Sprechzeiten gebunden.

Ein Tutorial kann Ihren Kunden auch Aufschluss darüber geben, ob er Ihr Produkt auch in einem anderen Zusammenhang verwenden kann. Vielleicht kennt Ihr Kunde noch gar nicht alle Anwendungsmöglichkeiten? Das wäre doch ein Grund, das Video zu schauen. Für Verkaufsgespräche eignen sich Tutorials je nach Produktgebiet. Eine Produktvorführung ist bei kleinen Gegenständen optimal, bei größeren Gegenständen oder ganzen Anlagen wird es schon schwieriger. Tablet-Computer haben genau die richtige

Größe, um unterwegs einen Film zu zeigen, wenn kein Computer aufgebaut ist. Präsentation vor Ort per Video – für manche Unternehmen kann das hilfreich sein. Auf Messen können Sie Ihrem Fachpublikum schnell erläutern, welche Vorteile spezielle Anwendungen haben. Oder in Ihrem eigenen Shop im Hintergrund laufen lassen – es gibt genügend Möglichkeiten und Vorteile von Tutorials, wenn sie kurz und bündig gemacht werden.

Zehnminütige Videos sind für die Tonne. Diese Produktionszeit können Sie sich schenken, wenn Sie nicht gerade Autos der neuesten Marke zeigen, die sich auf New Yorks Straßen bei Nacht ein Wettrennen liefern, natürlich mit unglaublich gut aussehenden Schauspielern, ist ja klar. Ich könnte ja mal meinen Chef fragen, ob er mir für ein Tutorial seinen Luxusschlitten, natürlich sehr sportlich und bekannte Marke, zur Verfügung stellt. Da haben die Sitze schon mehr gekostet als mein Auto zuzüglich meinem Benzinverbrauch der letzten fünf Jahre. Oder ob wir in seinem »kleinen« Ferienhäuschen auf einer bekannten Insel drehen dürfen. Das wäre ein fantastischer Schauplatz. Sein Ferienhäuschen ist nach seinen Angaben so klein. Es ist mir schleierhaft, warum er dann für die Bewirtschaftung zwei Gärtner, eine Köchin, einen Hausmeister und zwei Haushälterinnen braucht. Nicht zu vergessen die Crew, die ihn bei seinen Bootsfahrten begleitet.

Umsetzung – damit Ihre Zuschauer nicht abschalten, sollten Ihre Tutorials ...

- ... schnell zum Punkt kommen und ohne lange Vorreden mit dem Thema beginnen,
- ... keine oberlehrerhafte Wirkung haben,
- ... sachlich, unterhaltsam und ohne aufdringlich zu sein das Produkt/die Funktion erläutern,
- ... von einer Person vorgetragen werden, die sich sicher vor der Kamera bewegt, klar und deutlich redet, ohne zu lange Sätze zu bilden,
- ... etwa eineinhalb bis zwei Minuten lang sein,
- ... eine klare Fragestellung beantworten.

Machen Sie sich nicht lächerlich – und Ihr Unternehmen auch nicht!

Als Marketingverantwortlicher kennen Sie die Konsequenzen, die Ihre Marketingaktivitäten mit sich bringen. Sie erhalten entweder gleich oder auch später die Reaktion: Entweder steigern Sie den Markenwert Ihres Unternehmens oder Produkts oder Sie vernichten ihn. Grausam ausgedrückt, aber leider oder auch zum Glück tragen Sie hier eine große Verantwortung. Deshalb ist es so wichtig, dass Sie den Blick nicht nur auf Youtube richten, sondern Youtube im Zusammenhang mit Ihrer Unternehmensstrategie sehen. Leben Sie *Crossover-Marketing*!

Ist Ihr Unternehmen in mehreren Ländern aktiv, dann sollten Sie überlegen, ob Sie Ihre Videos in Deutsch oder einer anderen Sprache zeigen. Steht Ihr Unternehmen für Jugendlichkeit und Fortschritt oder für Schönheit oder für gutes Design, dann sollten Ihre Videos das auch zeigen können. Je nach Ihrem Anspruch, der Unternehmensphilosophie und Ihren strategischen Zielen müssen Sie abwägen, ob Sie die finanziellen Mittel dafür haben oder aufwenden können. Am falschen Ende gespart, kann ein billig produziertes Video mit der eigenen Kamera mehr Schaden anrichten, als Ihnen und Ihrem Unternehmen nützen. Videos werden bereits ab 500 Euro »professionell« angeboten. Allerdings müssen Sie anhand der angebotenen Kundenreferenzen entscheiden, ob Ihnen diese Qualität ausreicht.

Überlegen Sie sich gut, ob Sie um jeden Preis auf Youtube präsent sein möchten. Es kann eine Chance für Sie sein. Vielleicht treffen Sie genau den Nerv der Zuschauer, der sie dazu veranlasst, Ihr Video Millionenmal anzuklicken. Ich wünsche es Ihnen! Es gehört auch Mut dazu, das zu tun. Es kann aber genauso gut nach hinten losgehen und sich schädlich für Ihr Unternehmen auswirken.

Wenn Interessenten wissen, dass auf Ihrem Kanal nur langweilige Videos stehen, dann werden sie vielleicht nicht genau DAS Video anschauen, das super geworden ist. Oder von einer Agentur gerade eben professionell erstellt und ganz neu hochgeladen wurde.

Mein Chef hatte ja die Idee – nachdem ich die Idee schon mal vorgetragen hatte, sie abgeschmettert wurde usw. –, dass wir unbedingt einen Youtube-Kanal brauchen. »Das ist voll in! Ich habe gerade meinem Geschäftspartner das Video von meinem Sohn weitergeleitet, wo meine Ja... äh, mein kleines Boot zu sehen ist, und, wie dem auch sei. Wir brauchen das auch! Machen Sie mal. Wie, Budget?! Was für ein Budget? Kommen Sie mir jetzt nicht schon wieder mit mehr Geld! Greifen Sie mal einem nackten Mann in die Tasche! Außerdem habe ich Ihnen schon –großzügig, wie ich bin – eine Flasche Sekt zum 25-jährigen Firmenjubiläum spendiert. Also, langsam hört es mal auf!« Ist das sein kleines Boot da auf dem Handy-Display? Das mit den gefühlten 14 Metern Länge und dem Sonnenuntergang im Hintergrund und den Palmen am Strand?

Natürlich wäre ein super gestaltetes Video über die Firma oder die neuen Produkte der Hingucker schlechthin. Dafür kommen Sie aber schnell in sechsstellige Bereiche, und das gibt einfach nicht jedes Budget her. Bevor Sie den Ruf Ihres Unternehmens in Gefahr bringen, prüfen Sie Ihre Möglichkeiten. Vielleicht ist ja ein Mitarbeiter der absolute Youtube-Guru und kann Ihnen weiterhelfen. Bevor Sie jedoch um jeden Preis ein Video erstellen (lassen), das nicht zu Ihrem Unternehmen passt und es vielleicht noch ins Lächerliche zieht, gehen Sie hier lieber noch einen Schritt zurück. Es stimmt, JEDER kann Videos auf Youtube hochladen, egal wie professionell. Natürlich hat das auch seinen Charme. Denken Sie jedoch in *Crossover-Marketing*! Vielleicht passt dieser Charme besser zu Privatpersonen? Verstehen Sie mich nicht falsch, ich möchte Ihnen Youtube nicht ausreden. Ich bitte Sie nur zu überdenken, ob

Sie mit den Videos auch die Reaktionen hervorrufen, die Sie erreichen möchten. Wenn Sie hier einen guten Weg gefunden haben, dann gehen Sie ihn mit Konsequenz und ich wünsche Ihnen Millionen von Klicks!

Mein Chef hatte ein anderes Mal die Idee, er könne die Ausgaben für ein Unternehmensvideo senken. Ganz geniale Idee, denn die Agentur soll doch die Aufnahmen verwenden, die er neulich mit seinem Handy gemacht hat. Da ist alles drauf, was in den Film reinmuss. Noch etwas zurechtschneiden, gute Beats und ratzfatz fertig ist die Kiste. Und raten Sie mal, welcher arme Teufel das der Agentur mitteilen durfte. Und ich hatte soooooo auf eine Rolle in dem Video gehofft …

Witzige Videos werden gerne weitergeleitet und erhalten viele Klicks. Witzige Videos zu machen, ist eine große Kunst. Nicht jeder Witz kommt an. Um jeden Preis witzig zu sein, kann sich schlecht auf Ihr Image auswirken. Humor ist gut und steht nicht im Gegensatz zu Professionalität. Sich mit einem Augenzwinkern darzustellen und sich nicht zu ernst zu nehmen ist zu unterstützen. Die Grenze zur Lächerlichkeit ist jedoch schnell überschritten. Halten Sie Maß und bewahren Sie sich Ihre Unternehmensidentität. Arbeiten Sie gekonnt und gezielt mit Humor, wenn es zum Inhalt passt.

Youtube aus Unternehmenssicht ist auch eine Budgetfrage. Sie können Videos mit geringen oder ohne zusätzliche Kosten erstellen und auf Youtube hochladen. Manchen liegt das mehr als anderen, das ist auch eine Frage der Kreativität. Ohne Budget zu arbeiten erfordert immer sehr viel Kreativität, wenn man trotzdem gute Ergebnisse erzielen möchte. Sollten Sie für die Erstellung von Videos Budget zur Verfügung haben, ist eine Agentur eine gute Hilfe. Diese Leute haben Erfahrung in der Erstellung von Videos und wissen, was wie ankommt. Auch hier gibt es schwarze Schafe, die das schnelle Geld mit Videos verdienen wollen, die sie einmal erstellt haben und dann nur geringfügig anpassen. Das passt nicht immer. Ein unverbindliches Gespräch mit mehreren Agenturen wird Ihnen den Blick schärfen und Sie werden Unterschiede erkennen. Vielleicht reicht die Erstellung eines einzigen Videos mit einer professionellen Agentur dazu aus, Ihnen Wege zu zeigen, die Sie mit Youtube gehen können. Dann hätte sich diese Ausgabe gelohnt und Sie hätten zudem ein professionelles Video. Prüfen Sie jedoch, ob sich diese Ausgaben für Sie bezahlt machen und an welcher Stelle Sie mit diesem Video arbeiten wollen.

Unterscheiden Sie außerdem zwischen Imagevideos, Recruitingvideos, Erklärvideos und Produktvideos. Jedes dieser Filme verfolgt unterschiedliche Zielsetzungen. Ein Imagevideo stellt Ihr Unternehmen möglichst positiv dar. Achten Sie darauf, dass die Inhalte auch der Realität entsprechen und keine Floskeln enthalten, die auch jedes x-beliebige andere Unternehmen beschreiben würde. Recruitingvideos kommen eher bei größeren Unternehmen vor, die einen speziellen Bewerberkreis ansprechen. Manchmal hat die Personalabteilung einfach auch nur genügend Budget angesammelt, um ein schickes Video mit einer angesagten Agentur drehen zu lassen.

Erklär- und Produktvideos könnten wiederum für Sie interessant sein. Einen Reparaturablauf detailliert zu erklären, wird Ihr Publikum wahrscheinlich sehr spannend finden, wenn es dadurch Geld sparen kann und keinen Handwerker dafür braucht. Wenn Sie allerdings diese Reparaturleistung anbieten, wäre solch ein Video wahrscheinlich weniger angebracht. Vielleicht spräche für ein Erklärvideo eher die Frage nach dem richtigen Umgang mit Ihrem Produkt oder weiteren Möglichkeiten, die Ihr Produkt ermöglicht.

Bei Produktvideos hingegen steht das Produkt im Vordergrund des Films. Features, Abmessungen, Bestandteile und sonstige Produkteigenschaften werden beschrieben und in Szene gesetzt. Je nach Budget kann das emotionaler oder sachlicher ausfallen. Je mehr Emotion, umso teurer meistens. Spezialeffekte und gute Musik kriegt man leider nicht umsonst. Beachten Sie auch die Frage nach den Urheberrechten, wenn Sie mit Musik arbeiten. Da kann man sich schnell Probleme einhandeln, die kostspielig enden, wenn Urheberrechte verletzt werden.

Die Möglichkeit, Videos selbst zu drehen und für kleines Geld ins Netz zu stellen, bietet sichtbare Vorteile. Leider hängen hierbei Qualität und Kosten stark zusammen. Ein professionelles Video für Zigtausende Euros sieht einfach besser aus als ein amateurhaft gedrehtes Video. Wägen Sie ab, ob sich der Nutzen für Ihre Kunden, die Ausgaben und das Image, das Sie durch ein eigenes Video verbreiten, zu Ihrer Unternehmensphilosophie passen. Stellen Sie sich auch die Frage, ob es unter Umständen zu negativen Auswirkungen für Ihr Unternehmen kommen kann. Das Wort »Shitstorm«, also die unaufgeforderte Negativkritik in großer Anzahl, kann im schlechtesten Fall auf Sie zukommen.

Umsetzung – damit Ihre Videos zu Ihrem Unternehmen passen, sollten Sie …

- … auf Qualität und Professionalität bei den Videos achten,
- … überlegen, welche Art von Video und enthaltenen Informationen am besten Ihr Unternehmen oder Ihre Produkte repräsentieren,
- … Humor, wenn überhaupt, gekonnt eingesetzen,
- … eine professionelle Agentur zur Videoerstellung in Betracht ziehen,
- … prüfen, ob Kosten, Nutzen und Image eines Videos auf Ihre Unternehmenssituation und Ihre Ziele zutreffen oder im negativen Kontrast dazu stehen,
- … keine vorschnelle Entscheidung treffen, sondern sich für diese Überprüfung Zeit nehmen.

Videos sind wie Lakritze – entweder Sie lieben oder Sie hassen sie!

Filmabende mit Freunden – schön! Und doch liegt hier Sprengstoff. Der eine will einen Actionfilm, der Zweite will einen Thriller, der andere will den neuesten Til-Schweiger-Film, dann gibt es noch die Romantik-Fraktion … Wer hat jetzt das letzte Wort? Irgendwer wird immer sauer sein und sich denken: Da hätte ich doch auch zu Hause bleiben können. Je mehr Leute, je unterschiedlicher die Geschmäcker. Für Youtube-Videos gilt das in gleichem Maße. Wenn Sie es schaffen, dass alle Ihre Videos toll finden, dann schreiben Sie sofort ein Buch – es wird ein Bestseller! Es wird im Normalfall immer jemanden geben, der etwas auszusetzen hat.

Vielleicht haben Sie als Marketingverantwortlicher freie Hand, um die Videos für Youtube selbst auszuwählen und zu beauftragen, oder Sie erstellen Sie ganz selbst. Dann müssen Sie diese nur noch abnicken lassen und es läuft. Das wäre die schönste Variante. Doch je größer die Firma, umso mehr Menschen werden Sie ins Boot holen müssen. Was dem einen gefällt, findet ein anderer fürchterlich. Sollte eine Agentur die Videovorschläge vorstellen, dann können Sie sich zurücklehnen und erst dann einspringen, wenn sich die Köpfe etwas abgekühlt haben. Sollten Sie selbst in dieser Position sein, dann verlieren Sie nicht die Motivation.

Mein Chef hatte doch irgendwann begriffen, dass er sich selbst mit einem Unternehmensvideo – es sollte ein Imagefilm sein, der auch zur Anwerbung von neuen Mitarbeitern gedacht war – einen großen Gefallen tun könnte. Denn er könnte ja selbst darin erscheinen. Und plötzlich war das Budget kein Thema mehr. Die angesagtesten Agenturen wurden eingeladen – ich glaube es bis heute noch nicht – und jede Agentur wurde entsprechend gebrieft. Alles war plötzlich Chefsache. Die Präsentation der vier Agenturen war eine kleine Volksversammlung. Ohne die Agenturmitarbeiter mitzuzählen waren sicherlich über 20 Personen im Konferenzraum. Alles sehr hochrangig, und doch waren auch ein paar Praktikanten mit von der Partie. Die wussten gar nicht, wie ihnen geschah! Und dann ging das Schaulaufen erst mal los. Der Chef entpuppte sich als heimlicher Schauspieler, Executive Producer und Regisseur in einem. Überall hatte er besonders gute Ideen und Hinweise und gab den Agenturen zu verstehen, dass er sich auf jeden Fall besser auskennt und genau weiß, wie ein Millionenpublikum erreicht werden kann. Schließlich, nachdem sich der Chef zurückgezogen und zu einer Entscheidung gefunden hatte, stand die Siegeragentur auch fest. Ich weiß nicht, wer sich mehr gefreut hat, Sieger oder Verlierer …

Wenn Sie sich dafür entscheiden, ein Video zu erstellen, dann berücksichtigen Sie die genannten wichtigen Punkte. Wählen Sie einen Weg, den Sie konsequent verfolgen. Schalten Sie bei kritischen Stimmen nicht ab, sondern überlegen Sie, ob die Kritik angebracht ist oder ob Sie darüber hinweggehen möchten. Aber lassen Sie sich nicht beirren. Sie werden nicht alle Menschen zu Fans Ihrer Videos machen können. Das ist wie mit Lakritze, die einen lieben es, die anderen hassen es. So ist das eben. Stellen Sie Ihr Video online und warten Sie erst einmal ab. Wenn sich nach einiger Zeit (nicht einigen Minuten, sondern eher Wochen) gar nichts getan hat, trotz Werbung und Verlinkung mit Ihrer Homepage, Facebook-Seite oder sonstigem Bekanntmachen, dann überdenken Sie Ihre Richtung. Vielleicht benötigen Ihre Kunden keine Videos oder sie brauchen mehr Zeit, bis sie sich damit beschäftigen wollen. Oder sie wissen noch nichts von Ihren Youtube-Aktivitäten, das kann ja auch sein. Es kann aber auch sein, dass der Film einfach noch nicht interessant oder professionell genug ist. Suchen Sie nach Gründen und denken Sie über weitere

Schritte nach. Mit Berücksichtigung Ihrer Gesamtsituation und Ihrer Unternehmensstrategie.

Was Sie jedoch vermeiden sollten, ist, es jedem recht machen zu wollen. Gerade weil Videos Meinungen spalten, sollten Sie Ihren Weg verfolgen. Entscheidungen sind oftmals das Resultat von vielen Kompromissen und was dabei übrig bleibt, ist nur der kleinste gemeinsame Nenner. Reicht das aus? Finden Sie nicht zu jedem Punkt, bei dem unterschiedliche Meinungen herrschen, einen Kompromiss. Bei Videos kann das jegliche Erfolgschance nehmen. Wenn Sie eine erfahrene Agentur mit im Boot haben, dann wird sie dabei unterstützend eingreifen und auch, soweit möglich, auf ihrem Vorschlag bestehen. Sie hat ihre Gründe und weiß, was ankommt und was nicht. Solange der Inhalt nicht falsch dargestellt wird, gibt es auch eine künstlerische Ausrichtung, die man ernst nehmen sollte.

Wenn Sie zu dem Punkt gelangen, an dem jeder einzelne Satz und jedes einzelne Bild aus dem Video in die Prüfschale geworfen wird, dann stoppen sie. Prüfen Sie, ob das, was zur Debatte steht, auch vom Zuschauer wahrgenommen wird, oder ob Wort-Haarspalterei betrieben wird. Der Zuschauer sieht sich Ihr Video nicht unter dem Aspekt an, ob jedes Wort so zutrifft oder die Satzstellung zu 100 Prozent grammatikalisch korrekt ist und ob ein Detail im Hintergrund farblich passt oder nicht. Das ist Ihrem Zuschauer relativ egal. Wichtig ist, dass Ihr Video nicht nach fünf Sekunden wieder weggeklickt wird und dass der Zuschauer einen Mehrwert darin sieht. Dann wird er sich positiv an Ihr Unternehmen oder Produkt erinnern und gerne mal wieder reinschauen. Es gibt leider kein Erfolgsrezept, das auf jedes Unternehmen zutrifft. Machen Sie sich jedoch die Mühe, um ein Erfolgsrezept für IHR Unternehmen zu finden.

Es ist eine kleine Feier wert, wenn Sie Ihr erstes Youtube-Video veröffentlichen. Dann haben Sie einen guten Schritt getan und

Sie haben Ihre Marketingaktivitäten um einen zusätzlichen Social-Media-Kanal erweitert. Leider hat es damit kein Ende. Das ist erst der Anfang. Denn jetzt werden weitere Videos erwünscht. Selten schauen Sie sich einen Film mehrmals an – Kultfilme ausgenommen. Ihre Kunden haben ihren Bedarf gestillt, wenn sie Ihr Video einmal gesehen haben. Youtube ist ebenso schnelllebig wie andere Social-Media-Kanäle. Immer wieder etwas Neues ist gefordert, sonst geraten Sie in Vergessenheit. Youtube-Kanäle, auf denen nichts passiert und nur ein Film enthalten ist, werden langweilig. Sie sollten immer wieder neue Filme einstellen. Das ist genau der Grund, weshalb ein bloßes Mitmischen auf Youtube nicht unbedingt ausreichend ist. Filme lassen sich nicht nebenher erstellen, sondern brauchen Zeit. Überlegen Sie sich, ob Sie diese Kapazität bereitstellen können. Wenn Sie diese Frage mit Ja beantworten können, dann legen Sie los!

Umsetzung – damit Sie Ihren Youtube-Weg finden, sollten Sie …

- … eine klare Regelung finden, welche künstlerische Ausrichtung (modern, witzig, klassisch, informativ usw.) Ihre Videos haben werden,
- … diesen Weg konsequent weitergehen und allzu viele Kompromisse vermeiden,
- … nicht die Aussagekraft Ihrer Videos durch akribisches Überarbeiten jedes einzelnen Wortes verwässern,
- … genügend emotionalen Abstand finden, wenn Ihre Videos nicht angenommen werden,
- … sich über jeden Klick freuen und bei 100, 1000, 10.000 und Millionen von Klicks feiern!

Sie haben ein tolles Video – und wen juckt's?

Gratulation, Ihr erstes Video ist fertig! Juchhu und hoch die Tassen! Jetzt müsste nur noch die Anzahl der Klicks nach oben schnellen wie ein Jo-Jo, das sich aufwickelt. Der Chef und ich standen am Bildschirm und warteten und warteten und warteten … Irgendwie war das nicht wie im Film, wo die Klickanzahl sich laufend verändert. Da half auch kein F5-drücken, um den Bildschirm zu aktualisieren. Ratlos schauten Chef und ich uns an. Na ja, zuerst ratlos, dann war der Blick eher bewölkt, was sich dann in einem Orkan niederschlug. Auf mich wohlgemerkt. Wozu er das ganze Geld ausgegeben habe? Was ich mir einbilden würde? Er verklage die Agentur, die ihm so einen Sch…-Film aufgeschwätzt hat! Und wenn ich nicht zig Überstunden demnächst (kostenlos) machen würde, würde er mir das vom Gehalt abziehen! Und einen Bonus könne ich mir auch abschminken bei so einer miserablen Leistung! Gesagt oder besser geschrien und abgerauscht. Bin gerade etwas taub ob der Lautstärke, die bei Chef möglich ist.

Wenn Sie sich schon die Mühe gemacht haben, ein Video zu erstellen und Geld dafür in die Hand zu nehmen, sei Ihnen eine hohe Klickzahl gegönnt. Sollten Sie aber kein niedliches Katzenvideo erstellt haben, das vielfach geteilt und weitergeleitet wird, dann müssen Sie dafür sorgen, dass die Welt von Ihrem Video erfährt. Erfolgreiche Unternehmensvideos sehen nicht nur gut aus und kosten eine Stange Geld, sondern die Firmen überlassen deren Weiterverbreitung nicht dem Zufall. Leider haben hier Inhaber großer Budgets wiederum einen nicht zu verachtenden Vorteil. Landing Pages, Blogger, Kampagnen sind die Schlagwörter, die hier gerne genannt werden. Große Unternehmen wissen recht genau, wo sie ihr Zielpublikum finden. Das wird auch von einer Menge von Angestellten fein säuberlich in seitenlangen Dossiers und mit aufs Zehntel genauen Analysen erarbeitet. Dann werden Anzeigen geschalten, Blogger werden umworben und überzeugt, dass sie das Video nennen sollen. Ganze Kampagnen, die von Agenturen erarbeitet werden, sorgen dafür, dass sich das Video überall dort verbreitet, wo die mögliche Zielgruppe unterwegs ist. Es folgt eine Nachbereitung mit Give-aways, Verlosungen, Mailings und was auch immer. Dass hierbei noch mehr Budget vonnöten ist, das womöglich noch die Filmkosten übersteigt, dürfte nicht sonderlich schwer zu verstehen sein.

Diese Mittel hat nicht jeder zur Verfügung. Und doch kann eine Videoerstellung lohnend sein, auch wenn sie keine Millionen von Klicks hervorbringt. Die Frage nach dem Erfolg misst sich nicht allein in Klicks. Sie kann ein Indikator sein, wenn Sie Youtube analysieren. Wenn Sie Ihr Video aber auf Ihrer Präsentation bei Kunden oder in Ihrem Shop oder auf einer Messe zeigen, dann führt das nicht zu einem zusätzlichen Klick auf Youtube, aber zu einem besseren Verständnis bei Ihrem Gesprächspartner. Wenn dann Ihr Gesprächspartner sich aufgrund Ihres Videos für Ihr Produkt entscheidet – dann hat es sich doch in diesem Fall gelohnt! Was sind Ihre Vorstellungen von einem erfolgreichen Video? Ist es die Anzahl der Klicks? Oder spielen Klicks keine Rolle?

Stellen Sie sich die Frage, wie Ihr Video auf Youtube gefunden werden soll. Internetwerbung kann eine Möglichkeit sein. Eine andere Möglichkeit kann es sein, einen Blogger zu veranlassen, dass er etwas über Ihr Video sagt. Da Blogger sich als unabhängige Autoren sehen, ist dieses Ziel zu erreichen recht schwer. Vielleicht verfügen Sie über überzeugende Argumente, dann haben Sie Glück. Wenn ein angesagter Blogger mit Millionenpublikum die Wahl hat, ob er über Sie oder die letzte Modenschau von der Fashion Week etwas sagen kann, dann könnten Sie den Kürzeren ziehen. Vor allem wenn noch Geschenke und Pröbchen von der Fashion Week mit im Spiel sind.

Auch wenn Sie kein großes Budget haben, können Sie doch eine Menge dafür tun, dass Ihr Video gefunden wird. Nutzen Sie einen Platz auf Ihrer Homepage, der mit Ihrem Video verlinkt ist. Oder binden Sie das Video in Ihre Homepage so ein, dass trotzdem die Klicks auf Youtube gezählt werden. Machen Sie kleine Flyer, Poster, QR-Codes auf Prospekte, die alle auf Ihr Video auf Youtube verweisen. Hier sind die Kosten überschaubar und sorgen trotzdem dafür, dass Ihr Video gefunden werden kann. Berichten Sie immer wieder auf Facebook von Ihrem Video aus unterschiedlicher Sichtweise. Nicht täglich, das nervt. Überlegen Sie sich, ob Sie ein Gewinnspiel dazu ausrichten können, bei dem Sie Ihr Produkt oder etwas Kleines verlosen.

Machen Sie sich nicht zum Sklaven der Klicks auf Youtube. »Schnell mal checken« kann schnell in ein zeitraubendes Unterfangen ausarten. Sehr nervig ist es, wenn Chef ständig auf sein Handy schaut, wenn ich ihm von meinen tollen Ideen erzählen will. Erst dachte ich, er sei so beschäftigt, dass er ständig seine Mails checken muss. So viele neue Mails wie er kriege ich nicht – dachte ich zumindest. Er hat auch immer sein Handy von mir weggedreht, wenn ich mal schauen wollte, was er da ständig auf seinem Handy anschaut. Konnte gerade noch einen Ausschnitt von seiner Jacht entdecken und die unglaubliche Klickzahl mit »Mio« sehen. Wer hat, der hat …

Überlegen Sie sich Wege, damit Ihr Video jemanden »juckt«. Sie wollten einen Zweck mit Ihrem Video erreichen. Sie wollten einen Mehrwert mit Ihrem Video schaffen. Wo können Sie darüber berichten? Foren sind eine gute Möglichkeit, um ein Video zu erwähnen. Wenn es sich allerdings als reine Werbung entpuppt, sind Sie schnell aus dem Forum ausgeschlossen, Ihr Eintrag wird gelöscht oder Sie ernten negative Kritik. Das wäre natürlich kontraproduktiv. Wenn Sie aber neutral über das Video und die Inhalte berichten können und sich ein sachlicher Mehrwert für das Forum ergibt, auf dem Sie kommunizieren, dann finden sich hier schnell Zuschauer. Bitten Sie Ihre Kollegen, das Video weiterzuempfehlen. Hierbei besteht jedoch die Gefahr, dass Sie sich aufs reine Klicks-Hochschrauben verlegen und die Zielgruppe aus den Augen verlieren. Vielleicht ist Ihre Zielgruppe einfach nicht groß genug, um eine Million Klicks zu erreichen. Dann sind möglicherweise auch schon 300 Klicks eine starke Anzahl. Seien Sie realistisch über die Höhe der Klicks. Erwarten Sie nicht zu viel. Je größere Anstrengungen Sie unternehmen, um Ihr Video zu promoten, umso höher wird die Wahrscheinlichkeit sein, dass es sich in steigenden Klickzahlen widerspiegelt. Die Frage nach dem Sinn und Zweck der vielen Klicks können nur Sie sich beantworten.

Umsetzung – damit Ihr Video gesehen wird, sollten Sie …

- … sich darüber klar werden, ob Sie eine Vielzahl von Klicks auf Youtube erreichen wollen oder wie Sie den Erfolg Ihres Videos messen und bewerten,
- … Wege finden, um Ihre Zielgruppe von der Existenz Ihres Videos zu unterrichten,
- … Ihre Onlineaktivitäten nutzen, um Ihr Video ansprechend und unaufdringlich zu promoten,
- … überlegen, ob Sie klassische Printmedien nutzen wollen, um auf Ihr Video aufmerksam zu machen.

PRESSEARBEIT: SIE SIND GUT, WISSEN DAS AUCH DIE ANDEREN?

Was hat denn jetzt Pressearbeit mit Social Media zu tun? Erst mal gar nichts – auf den ersten Blick. Klassische Pressearbeit, also die Arbeit mit Printmedien und Journalisten aus Fleisch und Blut, ist ein ganz eigenes Thema, über das wir hier lang und breit philosophieren könnten. Das hat wirklich nichts mit Social Media zu tun. Aber da wir Social Media durch *Crossover-Marketing* betrachten, liegt der Blickwinkel anders. Printmedien haben ein Alleinstellungsmerkmal, das langsam von den Onlinemagazinen verwässert wird. Jeder Verlag ist mit mindestens einer separaten Onlineausgabe im Internet vertreten. Verlage sind gut in Social Media, denn sie nutzen gekonnt und gezielt Youtube, Facebook, Online-Newsletter, Onlinepressedienste, Blogs, Onlinemagazine, Twitter, Flickr und wie sie alle heißen. Hier sind Profis am Werk, die mit hoher Professionalität Kommunikation in Wort und Bild betreiben. Nur: Von nichts kommt nichts, auch hier wird nach gutem Futter gesucht, das sich veröffentlichen lässt. Und hier kommen Sie ins Spiel. Gute News aus großen und kleinen Unternehmen werden gerne veröffentlicht. Wenn Sie News zu bieten haben, die für einen größeren Kreis von Interessenten spannend sind, dann werden Sie automatisch mitveröffentlicht. So erhalten Sie eine höhere Bekanntheit mit wenig Einsatz. Die Onlinejournalisten publizieren gerne gute News, die sie einfach so weiterverwenden können, ohne lange Recherche. Auf einmal tauchen Ihre Nachrichten in Blogs, Twitter und Facebook auf, ohne eigenes Zutun. Und deshalb hat Pressearbeit und vor allem auch Onlinepressearbeit etwas mit Social Media und *Crossover-Marketing* zu tun.

»Tu Gutes und rede darüber!« ist ein alter Spruch. Bis heute hat er nicht seine Bedeutung verloren, im Gegenteil. Sie können noch so gut sein, wenn das keiner weiß, sind Sie allein auf weiter Flur. Wie können Kunden erfahren, dass genau SIE die Lösung für ihre Probleme bieten? Wie kommt jemand auf die Idee, nach Ihrem Unternehmen zu suchen, um auch Ihre Produkte zu kaufen? Sie können mit Homepage, Mund-zu-Mund-Werbung, Facebook und Co. einiges erreichen. Eine gewisse Bekanntheit werden Sie dadurch sicherlich erlangen. Und wenn Sie das gut machen, wird sich das positiv auf Ihren Ruf auswirken. Vielleicht reicht das sogar aus, um Ihnen genügend Kundschaft zu bescheren und sie auch zu halten.

Große Unternehmen haben eigene Abteilungen, die sich ausschließlich mit Pressearbeit beschäftigen. Da finden Sie studierte Journalisten, Fotografen oder ehemalige Redakteure. In großen Zeitschriften, im Fernsehen, in den überregionalen Tageszeitungen erscheinen ständig Berichte. Deshalb kann auch jeder mitreden, wenn es um Daimler, Telekom, Siemens und Co. geht. Wir müssen nicht darüber reden, dass ein Unternehmen viel Geld in die Hand nehmen muss, um solch eine Abteilung aufrechtzuerhalten und diese perfekte Pressearbeit zu leisten.

Kein Grund, den Kopf hängen zu lassen. Auch ohne großes Budget können Sie Pressearbeit betreiben. Wenn Ihr Unternehmen in einem bestimmten Bereich vorne mit dabei ist, ist das für die Presse interessant. Oder bei Ihnen findet ein besonderes Ereignis statt, ein Tag der offenen Tür, ein Firmenjubiläum, eine Auszeichnung, dann möchten das noch weitere Personen wissen. Und da kommt die Presse ins Spiel. Pressearbeit heißt nicht, dass Journalisten Ihre Werbung eins zu eins abdrucken. Dafür sind Anzeigen da. Hier sitzen auch Journalisten, aber die Anzeigenabteilung läuft separat. Sie bezahlen Geld dafür, dass Ihre Werbung oder Ihr Beitrag genau so abgedruckt wird, wie Sie ihn einreichen. Für eine DIN-A4-Seite kommen da schnell über 10.000 Euro zusammen. Da kommt wieder das Thema Budget ins Spiel. Wenn Ihr Budget das hergibt, überlegen Sie, ob Sie das machen möchten. Ich möchte an dieser Stelle aber auf die redaktionelle Abteilung einer Zeitschrift oder Zeitung eingehen. Hier gelten andere Spielregeln. Hier sind nicht Sie der Auftraggeber, sondern die Redaktion entscheidet – unabhängig!

Von meinem Chef kann man viel lernen. Eigentlich ist er sein eigener PR-Chef. Es würde ihm keinerlei Probleme bereiten, stundenlang Lobeshymnen auf sich selbst anzustimmen. Dabei verpackt er seine Geschichten so spannend, dass man sogar gerne zuhört! Wie er auf einer Klettertour in den Bergen in einer Felsspalte festgesteckt war und mit größter Anstrengung wieder herauskam, wie er den Tanzwettbewerb im Robinson-Club mit Gipsbein gewonnen hat, wie er gegen Wind und Wetter beim Segeln kämpfte, wie er sich auf der Formel-1-Rennbahn in einem Rennen gegen einen alten Formel-1-Veteranen super geschlagen hat und die Champagnerdusche danach, wie ... Das geht stundenlang so! Manchmal schmückt er seine Geschichten ein wenig aus und alles glauben darf man nicht wirklich. Aber es ist sehr unterhaltsam und er hat bei seinen Erzählungen eine große Zuhörerschaft um sich. Vielleicht liegt das auch daran, dass er danach so glückselig ist, dass er dann eine Runde für alle auf seine Kosten bestellt. Und dabei nicht mal die billigste Fusel-Flasche!!! Und alle haben in wundersamer Weise jedes Mal Urlaubsanträge, Budgetanträge und andere Unterlagen zur Unterschrift dabei, die der Chef in seinem Glücksrausch ohne großes Wenn und Aber einfach so unterzeichnet. Ich habe noch einen Budgetantrag hier bei mir liegen. Den habe ich immer griffbereit. Wann erzählt der Chef endlich mal wieder seine Geschichten???

Journalisten lieben spannende Geschichten. Aber nur Geschichten, die wahr sind. Keine Übertreibungen, keine Halbwahrheiten, keine Schönfärbereien. Da werden sie sonst aus gutem Grund misstrauisch. Und die Gefahr besteht, dass dann die Glaubwürdigkeit leidet. Haben Sie jedoch spannende Neuigkeiten aus Ihrem Unternehmen, dann nichts wie los und an die Presse! Das könnte Ihnen einen Artikel bescheren:

- Sie eröffnen ein neues Unternehmen.
- Sie veranstalten einen Tag der offenen Tür.
- Sie haben eine neue Erfindung oder spannende Entwicklung gemacht.
- Ein Firmenjubiläum steht bevor.
- Sie können über ein besonderes Kundenprojekt berichten.
- Sie stellen ein neues Produkt vor.
- Ihr Unternehmen hat ein besonderes Wachstum zu verzeichnen hinsichtlich Umsatz, Mitarbeiter oder Gewinn.

Leben Sie *Crossover-Marketing*! Betrachten Sie Ihr Unternehmen aus einer anderen Perspektive. Hat Ihr Unternehmen etwas, das sonst kein anderer hat? Machen Sie etwas anders als andere Unternehmen? Dann ist das vielleicht auch etwas für die Presse. Gehen Sie auf die Suche nach Adressen und Kontakten. Im Internet finden Sie die Adressen von allen Zeitungen und Zeitschriften, die es so gibt. Überlegen Sie sich, in welchem Feld Ihre Leserschaft sitzen könnte. Das ist das Zielpublikum. In diesem Bereich sollten Sie dann auch nach Zeitschriften suchen. Bei einem Tag der offenen Tür wird das die regionale Presse sein. Bei einer bahnbrechenden Erfindung wird das ein Fachblatt, ein Wissenschaftsmagazin oder auch ein Wirtschaftsblatt sein. Legen Sie sich einen Adresspool an, der für Sie zutreffend sein könnte. Versuchen Sie, an Namen heranzukommen. Info-Adressen werden Sie sofort finden, gehen Sie aber lieber auf die Suche nach konkreten Ansprechpartnern in den Redaktionen. Bitte NICHT sofort den Chefredakteur oder Verleger. Das kommt schlecht an, denn alle Beteiligten erhalten täglich eine Flut von Beiträgen, aus denen sie auswählen können. Die Entfernen-Taste kommt hier öfter zum Einsatz als das Weiterleiten von Beiträgen an den jeweiligen Ansprechpartner.

Sobald Sie einen Adresspool angelegt haben, kommt die eigentliche Arbeit. Einfach nur Themen bereitzustellen, falls sich jemand für Ihr Unternehmen interessiert, reicht nicht aus. Sie müssen selbst aktiv werden. Denken Sie in *Crossover-Marketing*-Sichtweise. Weshalb sollte ein Journalist einen Artikel über Sie veröffentlichen? Er hat täglich eine riesige Auswahl von guten Nachrichten von größeren Unternehmen, da wird es für Sie schwierig. Es reicht nicht, einfach nur eine Mail zu schreiben und darin zu erwähnen, was Sie so machen und weshalb Sie gerne einen Artikel möchten. Der Journalist wird sich nicht die Mühe machen, den Telefonhörer in die Hand zu nehmen und bei Ihnen nachzufragen. Er wird sich für Ihre Nachrichten interessieren, wenn Sie einen Artikel, der fix und fertig in der Anlage ist, beilegen. Und das ist die Arbeit, die Zeit kostet. Da muss die Überschrift sitzen, sonst wird sich keiner mit dem eigentlichen Inhalt beschäftigen. Da muss der Inhalt gut aufbereitet sein und nicht aus Fach-Kauderwelsch bestehen. Eine DIN-A4-Seite sollte nicht überschritten werden, weniger ist fast besser. Ein gutes Bild hilft ebenfalls weiter. Und dann muss noch der Schreibstil passen und gut gemacht sein. All das läuft nicht so einfach nebenher, sondern bedarf intensiver Vorbereitung. Wenn diese Punkte alle beachtet wurden, haben Sie eine Chance darauf, veröffentlicht zu werden. Einen weiteren Stolperstein gibt es noch: Die Betreffzeile an den Journalisten muss Interesse wecken, sonst wird Ihr guter Artikel nicht angeschaut. Und selbst wenn auch dieser Punkt stimmt, gibt es leider keine Garantie, dass Ihr Artikel veröffentlicht wird. Aber Sie haben zumindest den ersten Schritt getan und Ihr Unternehmen ist bei der Presse in Erscheinung getreten. Journalisten haben oftmals ein sehr gutes Gedächtnis, das kann sich positiv für Sie auswirken. Vielleicht kommen Sie ja dann in den Genuss, dass die Presse tatsächlich auf Sie zukommt!

Umsetzung – damit Sie bereit für die Presse sind, sollten Sie ...

- ... Themen aus Ihrem Unternehmen bereithalten, die für die Presse von Interesse sind,
- ... ktuelle Entwicklungen und Ereignisse aus Ihrem Unternehmen kennen und auf Pressetauglichkeit überprüfen,
- ... für Ihr Unternehmen relevante Zeitschriften und Zeitungen recherchieren,
- ... einen konkreten Ansprechpartner aus der Redaktion suchen,
- ... einen Journalisten-Adresspool anlegen,
- ... fertig ausgearbeitete Artikel griffbereit haben.

Die Presse kommt zu mir – wie lange muss ich noch warten?

Als Kind oder Teenager hat man noch den Traum, reich und berühmt zu werden. Mein Chef hat diesen Traum immer noch … Und er ist auf einem guten Weg. Reich werden hat er wohl schon erreicht, wenn man sich so seine Villen, Autos und Freizeitbeschäftigungen ansieht. Es sei ihm gegönnt, er hat auch viel dafür gearbeitet. Seinen Reden in der Firma nach zu urteilen ist er ja ein armer Hund. Okay – berühmt zu werden, daran arbeitet er gerade noch. Sie sollten ihn mal erleben, wenn er mit einem Journalisten oder Redakteur redet. So kennt ihn seine Frau wahrscheinlich nur noch aus den Anfängen ihrer Beziehung. Charmant, ein toller Chef, gut zu seinen Mitarbeitern, weltmännisch, erfahren, ein harter Geschäftsmann, der sich nicht beirren lässt, ein Visionär, Stratege und dabei doch ein herzlicher Mensch. So einen Chef hätte ich auch gerne. Da kann sich mein Chef noch eine Scheibe abschneiden. Moment mal???

Wenn die Presse auf Sie zukommt, dann sind Sie schon ein gutes Stück weiter. Dann kennt man Sie und Ihr Unternehmen. Dann haben Sie schon einen öffentlichen Marktwert, der stellvertretend für eine Thematik steht. Wenn dem so ist, dann können Sie die folgenden Abschnitte getrost überblättern und an einer anderen Stelle weitermachen. Was ist, wenn sich die Presse nicht bei Ihnen meldet? Haben Sie etwas falsch gemacht? Ein definitives NEIN!

Woher soll die Presse wissen, was Sie machen? Es gibt unzählig viele Unternehmen, weshalb sollten sich die Journalisten die Mühe machen, gerade nach IHREM Unternehmen zu suchen? Wenn Sie auf diese Frage viele Antworten haben, dann könnte es doch sein, dass die Presse früher oder später nach Ihnen suchen wird. Wenn

Sie in irgendeiner Weise besonders sind und sich von anderen unterscheiden. Dann haben Sie Chancen. Bis die Presse dann endlich anklopft, sollten Sie aber keine Zeit verlieren. Werden Sie aktiv und ergreifen Sie die Initiative. Mehr als eine Abfuhr können Sie nicht bekommen. Aber gehen Sie dabei strategisch geschickt vor. Rufen Sie nicht jeden Tag in der Redaktion an und schicken Sie auch keine täglichen Mails mit der Frage, ob sie nicht einen Artikel über Ihr Unternehmen bringen wollen. Das nervt. Das setzt Sie auf die schwarze Liste.

Bereiten Sie einen Presseartikel vor. Hier gibt es Dinge zu beachten, die Sie in der Fachliteratur nachlesen können. Nehmen Sie sich doch eine Zeitschrift oder Zeitung zur Hand, in der Sie gerne erscheinen würden. Analysieren Sie den Schreibstil und die Informationstiefe. Auch die Textlänge der einzelnen Artikel ist aussagekräftig. Achten Sie auf die Anzahl und Qualität der Bilder. Versuchen Sie, diese Erkenntnisse in Ihren Presseartikel einfließen zu lassen. Dann ist die Wahrscheinlichkeit größer, dass Sie auf Gegenliebe stoßen.

Nachdem Sie einen oder besser mehrere Artikel in der Schublade haben, stellen Sie eine Pressemappe zusammen. Das kann ein PDF-Dokument sein oder aber auch eine echte Mappe, in der Sie alle betreffenden Unterlagen zusammenstellen. Das sollte enthalten sein:

- Der aktuellste Presseartikel (den Sie veröffentlichen möchten)
- Fünf bis zehn ältere Presseartikel
- Allgemeine Informationen über Ihr Unternehmen (ca. eine halbe Seite)
- Ein Ansprechpartner (Sie als Marketingverantwortlicher)
- Produktinformationen und eventuell Broschüren
- Bilder mit Erklärungen (zusätzlich auf CD-Rom)

- Eine Liste mit Links, wo Sie im Internet zu finden sind (Homepage, Youtube, Facebook etc.)
- Eine Liste von Veröffentlichungen in der Presse (wenn vorhanden)

Die Pressemappe sollte wertig aussehen, keine Schreibfehler enthalten und gut durchdacht sein. Was Sie einst in der Schule gelernt haben, kommt hier wieder zum Vorschein: W-Fragen. Wer, wie, was, wo, weshalb, warum? Ein bisschen wie bei der *Sesamstraße*: Wer nicht fragt, bleibt dumm. Journalisten wollen sich schnell ein Bild über Ihr Unternehmen machen und dafür nutzen sie die W-Fragen. Wer sind Sie? Was machen Sie? Wieso machen Sie das? Wo sind Sie unterwegs? Und und und. Deshalb brauchen Sie unterschiedliche Informationen in Ihrer Pressemappe. Die neueste Pressemitteilung sollte obenauf liegen. In einem kurzen Anschreiben können Sie erklären, weshalb Sie die Pressemappe mit dem neuesten Artikel zusenden. Ältere Pressemitteilungen in der Mappe helfen den Journalisten, ein Bild von Ihnen zu erhalten. Hier sollten Berichte über Ihr Unternehmen oder Produkteinsätze oder Erfahrungen beim Kunden und sonstige besonderen Informationen enthalten sein. Dadurch vermitteln Sie ein Gesamtbild Ihres Unternehmens. So kann der Journalist direkt weiterrecherchieren, wenn er das möchte, und muss nicht lange nach Informationen über Sie im Internet suchen. Oder er nimmt einen älteren Artikel als Aufhänger für ein aktuelles Thema, über das er derzeit schreibt.

Sie sollten auf jeden Fall eine kurze Information über Ihr Unternehmen auf eine separate Seite in die Pressemappe legen. Eine halbe Seite Text reicht dafür aus. Beschreiben Sie Ihr Unternehmen, Ihre Produkte und deren Einsatzgebiet. Bekannte Kunden oder die Branche, in der Sie arbeiten, sollten enthalten sein. Dieser kurze Teil wird sehr oft für Pressemitteilungen herangezogen, wenn über ein Unternehmen berichtet wird. Eine Kurzvorstellung, damit jeder weiß, mit wem er es zu tun hat, beschreibt diesen Teil am ehesten. Lassen Sie sich mit der Formulierung dieser Sätze sehr viel Zeit, denn das muss sitzen. Das ist der Einstieg, hier kommt es auf jedes Wort an. Bleiben Sie leicht verständlich und knapp.

Wichtig ist, dass der Journalist sofort erkennt, wer sein Ansprechpartner ist. Das werden Sie oder falls vorhanden ein eigener PR-Mitarbeiter sein. Journalisten wollen sich lieber mit Marketing- oder PR-Leuten unterhalten als mit Fachleuten, die in ihrem Thema ganz drin sind. Denn bei den Marketingleuten wissen sie, dass sie schnell an die Infos kommen, die sie interessieren. Das Fachliche kann man auch noch per Mail zusenden. Bei dieser Gelegenheit sollte auch gleich aufgelistet sein, in welchen Medien Ihr Unternehmen zu finden ist. Website, Facebook-Seite, Youtube-Kanal, alle Kanäle, die von Ihnen aktiv bearbeitet werden, haben hier ihren Platz. Sollten Sie schon in nennenswerten Printmedien veröffentlicht worden sein, führen Sie das ebenfalls auf. Wenn Fachblatt A und B schön über Sie berichtet haben, dann macht das Ihr Unternehmen für Journalisten attraktiver.

Broschüren und Produktinformationen helfen dem Journalisten, sich ein genaueres Bild über Ihr Angebot zu verschaffen. Hier ist es wieder wichtig, dass Ihre Broschüre eben nicht wie der Pizza-Flyer aussieht. Was kann Ihr Produkt, was kostet es, wer kann es nutzen und welche Vorteile bietet Ihr Produkt – all das muss kurz und bündig beantwortet werden. Bilder und Filme helfen auf jeden Fall weiter. Beschriften Sie Ihre Bilder und fügen Sie sie als separate CD-Rom oder DVD bei. So findet der Journalist die Bilder im Menü wieder.

Investieren Sie für Ihre Pressemappe keine Unsummen. Es sein denn, Sie haben genügend Budget zur Verfügung. Sie müssen leider davon ausgehen, dass die Mappe einmal überflogen wird – wenn überhaupt – und dann in der Ablage P (Papierkorb) landet.

Sie haben größere Chancen, dass Ihre Pressemappe gelesen wird, wenn Sie sie persönlich übergeben können. Gehen Sie doch einfach mal in einer Redaktion vorbei. Am besten nachmittags, wenn die neuesten Informationen schon bearbeitet sind. Stellen Sie sich und Ihr Unternehmen kurz vor und fragen Sie, ob Sie Ihre Pressemappe hier lassen dürfen. Wenn ein Gespräch in Gang kommt, dann können Sie die Pressemappe auch als Anschauungsbeispiel nutzen, um Ihre Produkte oder Ihren aktuellsten Anlass, sich zu präsentieren, zu zeigen. Mittels Bilder und Anschauungsmaterial haben Sie einen leichteren Gesprächseinstieg. Seien Sie jedoch nicht enttäuscht, wenn Sie keinen einstündigen Termin erhalten. Journalisten können in recht kurzer Zeit erfassen, ob für sie etwas Interessantes dabei ist. Strapazieren Sie nicht deren Geduld und Zeit. Wenn Sie für die Redaktion interessant sind, dann ist hier ein erster Anknüpfungspunkt entstanden. Jetzt kann es durchaus sein, dass Sie kontaktiert werden. Oder Sie nehmen diesen Besuch als Aufhänger, um kurze Zeit später eine Pressemitteilung per Mail zu versenden. Es ist immer von Vorteil, wenn man ein Gesicht zum Namen hat. Persönlicher Kontakt ist wichtig.

Halten Sie den Kontakt zur Presse. Das sollte aber dezent sein und nicht aufdringlich wirken. Vielleicht findet ein Journalist das, was Ihr Unternehmen macht, sehr spannend, hat aber momentan keinen Platz in seinem Magazin oder Nachrichtenblatt. Dann wird er sich das merken und sich an Sie zu einem anderen Zeitpunkt erinnern. Wenn Sie es schaffen, den Kontakt aufrechtzuerhalten, dann haben Sie gute Karten für einen Presseartikel. Wenn Sie allerdings in dieser Zeit auf die Nerven fallen, weil Sie täglich anrufen, dann ist der Artikel vom Tisch. Journalisten sind auch nur Menschen. Und wie bereits erwähnt, haben sie ein gutes Gedächtnis …

Mein Chef ist da ja nicht zu stoppen. Wenn der sich etwas in den Kopf gesetzt hat, dann sollte man einfach nur das Weite suchen.

Sein erklärtes Ziel war ja, dass die Presse ihn als den begnadeten Manager des Jahrhunderts erkennt. Er hat auch einen guten Riecher für Journalisten. Aus einer Menge von Leuten erkennt er zielsicher Presseleute – auch ohne entsprechenden Ausweis. Ich weiß nicht, wie er das macht. Allerdings erkennt die Presse mittlerweile auch ihn und sucht das Weite, solange sie noch dazu in der Lage ist. Sobald der Chef den Journalisten in seinen Fängen hat, ist das wie mit den Sirenen in der griechischen Sage. Da kommt man nicht mehr weg und darf den süßen Gesängen lauschen. Ob man will oder nicht. Er kann ja sehr charmant sein, der Chef – bei mir jetzt weniger. Aber das muss man ja erst mal schaffen, dass man von der Presse erkannt wird!

Umsetzung – gehen Sie auf die Presse zu:

- Bereiten Sie Presseartikel vor in unterschiedlicher Länge – Richtwert 300 Wörter plus Bild pro Meldung.
- Stellen Sie eine Pressemappe zusammen.
- Nehmen Sie Kontakt zu Redaktionen auf.
- Besuchen Sie eine Redaktion und hinterlassen Sie Ihre Pressemappe.
- Halten Sie den Kontakt zur Presse.

Das Ding mit den Success Stories –wenn andere gut über die Firma reden

Success Story, Kundenbeispiel, Business Case – egal, welche Bezeichnung Sie wählen, der Inhalt bleibt immer gleich: Es geht um Kundenerfahrungen mit Ihrem Produkt. Journalisten werden sich nicht nachsagen lassen, dass sie Werbung abdrucken. Sie sind nicht Teil der Anzeigenredaktion, sondern der »Redaktion«.

Unvoreingenommenheit und Interessantes, Informatives für die Leser, das ist das Ziel. Es ist kein Geheimnis, dass große Namen öfter in der Presse zu finden sind als kleinere Unternehmen. Das Interesse ist hier größer und deshalb wird es für kleinere Unternehmen schwierig, Platz in Print- oder Onlinemagazinen zu erhalten.

Kleinere Unternehmen werden jedoch dann interessant, wenn sie in irgendeinem Zusammenhang mit großen Namen stehen. Wenn Sie einen Döner-Laden haben und ein Promi kauft bei Ihnen einen Döner, dann ist das was für die Presse. Wenn der Promi dann noch sagt, wie toll der Döner geschmeckt hat, dann ist das wie ein Lotto-Jackpot. Das wird die örtliche Presse vermutlich sehr gerne hören und abdrucken. Einen kleinen Artikel dazu vorbereiten und schon – schwuppdiwupp – ist der Döner-Laden in der Presse. Werbekosten: null. Werbewirkung: sehr groß. Vergleichbare Werbekosten für eine Anzeige in dieser Größe: zwischen ein paar Hundert und über 10.000 Euro je nach Medium.

Nun kommt aber nicht alle fünf Minuten ein Promi in das eigene Geschäft. Was dann? Nicht den Kopf hängen lassen. Finden Sie Kunden, die dazu bereit sind, über ihre positiven Erfahrungen mit Ihrem Produkt zu sprechen. Je bekannter der Name oder die Firma, umso höher die Wahrscheinlichkeit, dass diese Kundengeschichte irgendwo abgedruckt oder online veröffentlicht wird. Potenzielle Kunden lesen diese Art von Werbung für Ihr Unternehmen sehr gerne, weil es nicht den Eindruck von Werbung erweckt. Wer hat was gesagt? Das interessiert Menschen. Tratsch hat Hochkonjunktur. Das gilt auch in diesem Bereich. Kunden und Journalisten wollen nicht nur Tratsch, sondern auch Fakten. Wenn das eine das andere interessant macht, dann hilft das weiter. Wenn andere Gutes über einen reden, dann steigert das den Wert Ihrer Produkte. Empfehlungsmarketing ist eine eigene Rubrik, die sich damit dezidiert beschäftigt.

Kundengeschichten nehmen den Charakter von Werbung. In solch einem Rahmen sind Journalisten bereit, über Funktionen und Vorteile eines Produktes zu berichten, weil es zu der Geschichte gehört. Die Meinung eines Kunden wiegt mehr als die Fakten auf der Homepage des Herstellers. Wenn mehrere Kundenerfahrungen ins Spiel kommen, wird eine gewisse Form der Neutralität erzeugt und die Wirksamkeit steigt.

Was die Form angeht, sollte eine Success Story auf eine DIN-A4-Seite passen. Dann hat der Journalist genügend Futter, um den Inhalt so weit zu kürzen, damit es seinen Ansprüchen und seinem verfügbaren Platz gerecht wird. Wenn er mehr Inhalt möchte, meldet er sich sicherlich. Aber dieser Fall tritt selten auf.

Was muss alles in die Story rein?

- Die typischen W-Fragen: Wer macht was, wann, wo und warum?
- Aus welchem Grund hat sich der Kunde für Ihre Lösung entschieden?
- Was war der Ausgangspunkt und das Problem?
- Welches Problem hat Ihr Produkt wie gelöst?
- Wie reagierte der Kunde darauf, was hat sich für ihn verändert?
- Wo hat er Ihr Produkt gefunden?
- Wie hat er mit Ihrem Produkt gearbeitet?
- Was war sein Eindruck von dem Produkt und Ihrem Unternehmen?
- Lässt sich die Kundenerfahrung in Zahlen und Werten sowie Veränderungsgraden ausdrücken?
- Gibt es Bilder dazu, die verwendet werden dürfen?

Erfolgsgeschichten dürfen gerne etwas anschaulicher geschrieben sein. Keine Aneinanderreihung von Substantiven, sondern so schreiben, wie man es auch erzählen würde. Adjektive verwenden, das macht die Sachlage anschaulicher. Klären Sie jedoch ab, ob Sie die Kundengeschichte veröffentlichen dürfen. Nicht jeder Kunde will namentlich in der Presse auftauchen – oder im Internet mit Bild zu finden sein. Klären Sie ab, ob Sie Firmenlogos (falls es sich um Firmenkunden handelt) verwenden dürfen. Wenn Konzerne oder große Firmen zu Ihren Kunden gehören, werden Sie nur schwer eine Freigabe erhalten. Hier wird ganz genau geschaut, wer wie über diese Firmen berichtet. Das kann schnell zu großen Problemen führen, wenn Sie hier nicht Freigaben einholen. Rechnen Sie nicht mit schnellen Reaktionen, denn solche Freigabeprozesse dauern mitunter monatelang.

Gestalten Sie Ihre Kundengeschichte so, dass sie den Leser in seiner Fragestellung abholt. Wird ein Problem beschrieben, das auf mehrere Kunden zutreffen könnte? Wie kann der Vorteil Ihres Produktes herausgestellt werden, damit es nicht nach Werbung aussieht? Achten Sie auf diese Details, denn da schauen die Journalisten sehr genau hin. Es muss einen größeren Leserkreis interessieren und darf Ihre Leistung nicht in den Himmel loben. Distanz muss gewahrt bleiben und der Journalist muss seine Unvoreingenommenheit ausdrücken. Daher wird er zu überzogene Beschreibungen verallgemeinern oder auch weglassen. Sollte der Journalist größere Teile Ihres Textes streichen oder ändern, beschweren Sie sich bitte nicht bei ihm. Sie können froh sein, wenn Ihr Artikel erscheint. Das ist an und für sich schon wie eine eigene Auszeichnung. Vor allem kostet es Sie nichts, und das ist für kleine und mittlere Unternehmen ein großer Vorteil. Nicht jeder kann sich eine Anzeige leisten. Und wenn der Journalist sieht, dass Ihre Story interessant gemacht ist und gut ankommt, wird er Sie in guter Erinnerung behalten und Ihnen mal wieder einen Platz einräumen.

Umsetzung – erstellen Sie eine Success Story und achten Sie dabei darauf, dass ...

- ... Sie über einen Kunden berichten, der seine Zustimmung zu einer Success Story gibt,
- ... Ihr Produkt in eine Problemlösungsgeschichte einpacken, die keinen Werbecharakter hat,
- ... Sie neutral berichten,
- ...Sie die Kundenmeinung zusätzlich als Zitat und inhaltlich passende Bilder verwenden,
- ... Sie keinen endloslangen Artikel verfassen, sondern kurz und knackig berichten,
- ... Sie den fertigen Artikel mit dem Kunden abstimmen und eine Freigabe dafür einholen.

Schubkraft für Ihre öffentliche Bekanntheit: Onlinemagazine

»Besorgen Sie mir einen Artikel im *manager magazin*!!! Ich habe da neue Fotos von mir machen lassen. Die sind so gut, die MÜSSEN einfach ins *manager magazin*!!!« Der Chef hat mal wieder eine neue Idee. Nicht er mit seinem Unternehmen möchte in die große Zeitschrift, sondern ER als Person. Der Unternehmer! Klar, kein Problem, wie viele Seiten sollen es sein? Und wovon träumt er sonst so? Will ich ja gar nicht wissen. Aber ich habe keine Lust, den Millionsten Abzug bei meiner Leistungszulage diese Woche wegen so was einzukassieren. Geht's noch???

Sie können große Ziele vor Augen haben. Das wird Sie anspornen, Schritt für Schritt den Weg zu diesem Ziel zu gehen. Verlieren Sie dabei nicht den Blick für die kleinen Unterziele. Sie sind auch Bestandteil der Zielerreichung und müssen durchlaufen werden. Das ist so was wie »Lehrjahre sind keine Herrenjahre« – Chef-Standardspruch, Sie werden es selbst kennen … Wenn die großen Magazine und Zeitungen nicht gleich beim ersten Mal anspringen, werfen Sie nicht gleich die Flinte ins Korn. Versuchen Sie es weiterhin und wählen Sie einen weiteren Weg: Onlinepublikationen.

Onlinezeitschriften werden manchmal wie das Stiefkind behandelt. Und dennoch sind sie stark auf dem Vormarsch. Sie erscheinen teilweise täglich oder zumindest wöchentlich mit neuesten Informationen und erfreuen sich einer steigenden Anzahl von Lesern. Deshalb schießen sie auch zu den unterschiedlichsten Themen wie Pilze aus dem Boden. Gehen Sie auf die Suche nach Onlinemagazinen, die zu Ihrem Unternehmen und Ihren Produkten passen. Vielleicht sind es auch unterschiedliche Magazine, je nach Themenstellung. Leben Sie *Crossover-Marketing* und stimmen Sie die Möglichkeiten auf Ihre Unternehmensstrategie ab. Vielleicht ergeben sich hierbei neue Wege und Chancen für Sie? Täglich neue Meldungen zu bringen erfordert eine große Anzahl von Artikeln. Oftmals sind Onlineredakteure darüber froh, wenn sie gutes Material zur Verfügung gestellt bekommen. Es gibt auch kostenlose und kostengünstige Presseportale, auf die sie Ihre Pressemeldungen einstellen können. Darin suchen sich Print- und Onlineredakteure Anregungen für Artikel. Haben Sie eine spannende Meldung, dann kann der Zeitpunkt kommen, dass Journalisten auf Sie zukommen! Gängig ist auch, dass Ihre Meldung aus einem Onlinepresseportal einfach so übernommen wird und in einer Onlinezeitschrift erscheint, ohne dass Sie das mitbekommen. Suchen Sie online nach Ihrem Artikel und Sie werden feststellen, ob er in einer anderen Zeitschrift veröffentlicht wurde. Behalten Sie das im Auge und halten Sie die Entwicklung fest.

Unterschätzen Sie nicht die Stellung der Onlinemagazine und Onlinenachrichtenportale. Auch hier sind große Verlage vertreten, die einen Onlineauftritt zusätzlich zu der Printausgabe bereitstellen. Es kann durchaus sein, dass ein Artikel in der Onlineausgabe der erste Schritt zu einem Artikel in der Schwester-Printausgabe ist. Gute Meldungen und interessante Storys sind gerne gesehen. Und wie in der freien Wirtschaft sind auch Journalisten Menschen, die Karriere machen wollen. Vielleicht ist der junge Journalist der Verleger von morgen? Die Pressewelt erscheint auf den ersten Blick undurchsichtig und verworren. Doch auch hier ist die Welt klein …

Onlinezeitschriften haben den Vorteil, dass sie schnell und aktuell publizieren und viele Nachrichten veröffentlicht werden. Hier können Sie einen schnelleren Einstieg in die Pressewelt schaffen. Nehmen Sie Ihren Adresspool zur Hand und schauen Sie nach, welche Zeitschriften infrage kommen. Bereiten Sie Artikel vor (Richtwert 300 Wörter plus Bild), den Sie unaufgefordert einer Onlinezeitschrift zuschicken. Viel passiert morgens. Schicken Sie also gleich morgens Ihren Artikel hin. Fragen Sie aber bitte nicht nach, ob der Artikel veröffentlicht wird! Das können Sie in den Folgetagen selbst per Suchmaschine herausfinden. Sollte Ihr Artikel veröffentlicht werden und Sie erhalten eine Nachricht aus der betreffenden Redaktion, dann bedanken Sie sich für die Veröffentlichung. In Anbetracht der wenigen Zeit, die ein Redakteur zur Verfügung hat, müsste er Ihnen keine Nachricht zukommen lassen. Sehen Sie das als Auszeichnung.

Überlegen Sie sich eine Strategie, wie Sie mit der Onlinepresse umgehen wollen. Dafür eignet sich ein Redaktionsplan. Tragen Sie ein, wann Sie welchem Magazin eine Pressemitteilung senden wollen. Empfehlenswert ist im ersten Schritt die Planung von Ereignissen, die sich für eine Veröffentlichung eignen. Neue Produkte, Modellwechsel, Jubiläen und Messen eignen sich gut. Finden Sie weitere Themen aus Ihrem Unternehmen oder Ihrer Entwicklungsabteilung, Ihrem Vertrieb oder Personaländerungen, die einen Pressebericht wert sind, und planen Sie das in Ihren Redaktionsplan ein. Daraus ergibt sich schnell, wie oft Sie Artikel an die Onlinepresse schicken können. Achten Sie jedoch darauf, dass Online- und Printaktivitäten aufeinander abgestimmt sind. Auch Facebook und Homepage sollten Sie dabei im Auge behalten. Wenn Sie Nachrichten auf Ihrer Homepage veröffentlichen, ist das für die Presse vielleicht schon ein alter Hut, den sie dann nicht mehr herausbringen will. Exklusivität und Nachrichten vor den anderen – darum geht es Journalisten. Bedienen Sie diesen Anspruch und veröffentlichen Sie Pressemitteilungen ein klein wenig später auf Ihrer Homepage, damit die Magazine die Chance haben, Ihre Nachrichten zuerst zu veröffentlichen.

Umsetzung – veröffentlichen Sie Ihre Pressemitteilungen online:

- Stellen Sie Ihre Pressemeldungen auf kostenlose Newsportale.
- Fügen Sie Ihrem Journalisten-Adresspool relevante Onlinefachmagazine hinzu.
- Versenden Sie Ihre Pressemeldungen an Onlinemagazine.
- Veröffentlichen Sie Ihre Meldungen zeitversetzt in Ihren eigenen Auftritten wie Homepage, Facebook usw., damit die Magazine einen Zeitvorsprung haben.
- Stimmen Sie Ihre Onlineauftritte und Printkampagnen aufeinander ab.
- Überwachen Sie die Wirksamkeit Ihrer Onlinekampagnen durch regelmäßige Suche nach Ihren eigenen Artikeln in Suchmaschinen.

SIND WEBINARE DIE NEUEN TUPPERPARTYS FÜRS BÜRO?

Wenn man denkt, es kann nichts Neues mehr kommen, dann wird man schnell eines Besseren belehrt. Nach der Newsletter-Schwemme gibt es einen möglichen Nachfolger, den das gleiche Schicksal ereilen könnte: Webinare. Web-Seminare, also Seminare im Internet. Man hat den Eindruck, jeder bietet mittlerweile ein Webinar an. Seminare zum Thema Haareschneiden, der richtige Look, die beste Social-Media-Strategie, der tollste Sparschäler der Welt, die beste Software, Weisheiten zu diesem und jenem. Die Qual der Wahl, wenn man weiß, wann das Webinar stattfindet! Und das ist die erste Hürde. Vielleicht interessiert einen ja die Teilnahme an einem Webinar. Aber der Zeitpunkt zwischen Webinar-Ankündigung und Durchführung ist meistens so lang, dass man es schon wieder vergessen hat, wenn man eigentlich teilnehmen möchte. Oft erhält man zuerst einen Newsletter, der einen darüber informiert, dass ein Webinar stattfindet. Dann kommt eine Erinnerungsmail, dass das Webinar bald stattfindet. Bis das Webinar dann wirklich stattfindet, hat man schon massenweise neue Webinar-Einladungen erhalten, die man auch interessant findet. Oder man hat ganz einfach den Termin vergessen. Oder sich nicht rechtzeitig angemeldet. Oder man findet den Link nicht mehr. Oder der Chef steht vor der Tür und schaut ganz argwöhnisch, warum man nur auf den Bildschirm starrt und nichts arbeitet.

Ist ein Webinar Arbeitszeit oder die neue Form der Tupperparty? Das Wohnzimmer gegen das Büro ausgetauscht und nur tratschen? Was genau passiert beim Webinar? Mit dem Wort »Webinar« haben wir wieder mal eine Deutsch-Englisch-Kreation, die sich Englisch anhört, aber nicht ist. Das »Seminar im Internet« ist das nächste Schlagwort, mit dem Sie sich als Marketingverantwortlicher herumschlagen müssen. Was denn noch alles? Theoretisch ist das Webinar eine feine Sache, denn Sie können für eine Vielzahl von Menschen ein Seminar halten und müssen dafür nicht einmal einen Raum buchen. Noch dazu können Sie selbst als Moderator im Schlabberlook oder Schlafanzug arbeiten, ohne dass es jemand sieht. Sie sollten dann allerdings auf eine Videoübertragung von sich verzichten. Achten Sie darauf, dass Ihre Kamera off ist! Ich kann Ihnen sagen, das musste ich auch erst lernen – in peinliche Situationen rutscht man sonst schnell. Sprechen Sie aber meinen Chef nicht darauf an, sonst darf ich die nächsten 50 Jahre auf jegliche Gehaltserhöhung verzichten …

Es gibt Webinar-Software, die Ihnen einen virtuellen Raum zur Verfügung stellt, worin Sie Ihre Folien zeigen können. Die Teilnehmer können sich über einen Anmeldevorgang einwählen und je nach Software mehr oder weniger viel beitragen. Das geht von der Möglichkeit zu applaudieren, Fragen zu stellen oder sich per Bild übertragen zu lassen. Aber hier geht schon das erste verflixte Detail in Richtung Kosten: Je mehr Möglichkeiten, je mehr Teilnehmer, je öfter Sie ein Webinar anbieten wollen, desto höher die Kosten. Die Software mieten Sie quasi monatlich, müssen aber oftmals eine Mindestlaufzeit abschließen. Zwar sehen 70 bis 100 Euro pro Monat auf den ersten Blick überschaubar aus, aber wenn Sie das aufs Jahr hochrechnen, dann stellt sich die Frage, ob sich dieses Instrument für Sie eignet. Rechnen Sie die Kosten entgegen, die Sie sonst aufwenden würden, um einen speziellen Interessentenkreis zu einem Seminar zu bewegen und dieses auch durchzuführen. Ist es für Sie nur ein Nice-to-have, das sich nicht auf Ihre Kundenbeziehungen, Akquise oder notwendigen Kommunikationswege positiv auswirkt, dann können Sie gegebenenfalls darauf verzichten.

Der zweite Punkt dabei ist: Sind Sie in der Lage, eine ansprechende Präsentation zu halten (oder halten zu lassen), die auch ohne Sichtbarkeit des Moderators auskommt? Wenn jedes zweite Wort ein Füllwort wie »äähh«, »so«, »jedenfalls« oder was auch immer ist, dann kann das störend sein. Eine angenehme Sprechstimme ist hier von Vorteil. Störungen sind zu vermeiden, denn das kommt einfach schlecht an. Ich hänge ja in solchen Fällen mittlerweile ein Schild an die Tür mit »Bitte nicht stören«. Das habe ich aus einem Hotel mitgehe... äh, gefunden, und das hänge ich einfach an die Türklinke außen. War wohl keine so gute Idee, denn mitten in meinem so toll vorbereiteten Webinar geht mit einem lauten Schlag die Tür auf, der Chef schreit mit ohrenbetäubender Stimme, sodass es die Ureinwohner Australiens noch hören können: »Vergnügen Sie sich hier mit Ihren Mäuschen oder wie soll ich das verstehen? Büropartys ohne mich, das könnte Ihnen so passen. So, und jetzt her mit den Ladys! Hahahahahaha!!! Ich erzähle Ihnen jetzt mal was von meiner letzten Dienstreise, also ...« Ach ja, habe ich Ihnen schon gesagt, dass bei Webinaren die Teilnehmer die Angewohnheit haben, einfach so mitten im Webinar aufzulegen? Ohne Grund?

Ja, das sollte das Selbstbewusstsein aushalten können. In Webinaren wählen sich je nach Software einfach so Teilnehmer ein und verlassen auch wieder das Webinar. Höflichkeitsformen zu erwarten wäre fehl am Platz. Auch wenn Webinare und Seminare theoretisch recht ähnlich sind, unterscheiden sie sich an dieser Stelle. Verbindlichkeit gehört nicht dazu. Es kann ja auch einfach mal etwas dazwischenkommen, sodass man als Teilnehmer mitten in einem spannenden Webinar unterbrechen muss. Das muss nicht zwangsläufig mit Ihren Fähigkeiten zu tun haben. Wenn allerdings bei jedem Webinar nach zwei Minuten alle Teilnehmer verschwunden sind, dann sollte diese Frage doch noch erörtert werden.

Webinare haben den Vorteil für den Teilnehmer, dass er keine Wegstrecken auf sich nehmen muss. Er hat eine Vielzahl von Angeboten, die er je nach Interessenlage in Anspruch nehmen kann. Wenn er ein Webinar verpasst hat, findet er sicherlich an einem anderen Termin ein ähnliches Webinar von einem weiteren Anbieter. Sollte sich eine Webinar-Reihe oder ein Webinar-Anbieter jedoch als sehr vorteilhaft für den Teilnehmer herausstellen, besteht die Chance, dass er wieder bei Ihnen hereinschaut. Die *Crossover-Marketing*-Philosophie stellt auch hier die Frage, welchen Mehrwert Sie Ihren Teilnehmern bieten. Haben Sie Ihre Hausaufgaben gut gemacht und sind Sie vorbereitet? Haben Sie Ihr Thema so aufbereitet, dass Sie Interesse nicht nur wecken, sondern auch während des Webinars aufrechterhalten können? Sind Sie in der Lage, auf Fragen souverän und professionell zu antworten und auch gegebenenfalls unverschämte Fragen zu parieren? Sie sollten sich darauf einstellen, dass Sie auch zusätzliches Material zeigen müssen, wenn entsprechende Fragen auftauchen. Dabei zwischen unterschiedlichen Programmen hin- und herzuspringen sollte gekonnt sein, ohne dass der Teilnehmer dann nur noch einen schwarzen Bildschirm sieht.

Die Frage nach der Dauer des Webinars lässt sich nur schwer beantworten. Webinare sind wie kleine Seminare. Ein Thema wird vorgestellt und Sie sehen eine Präsentation. Während des Webinars haben Sie die Möglichkeit, sich durch Fragen einzubringen und in eine Diskussion zu kommen. Auch das hängt vom Webinar ab, ob dies erwünscht ist oder nicht. Je nach Thema ist der Teilnehmer bereit, mehr oder weniger Zeit zu investieren. Zwar stellt ein Webinar eine Form der Informationsbeschaffung oder auch Fortbildung für Ihre Kunden dar, aber die Ansprüche und Erwartungen werden unterschiedlich sein. Wenn sich jemand nur schnell informieren möchte, dann wird er gegebenenfalls nicht bis zum Ende dabeibleiben. Wenn aber jemand bis ins kleinste Detail alles über Ihr Thema wissen möchte, dann kann auch eine Stunde angebracht sein. Wenn Ihr Kunde Ihr Webinar während der Arbeitszeit besucht, dann wird dessen Chef wahrscheinlich nicht begeistert sein, wenn Ihr Teilnehmer eine Stunde lang aus der Sicht des Chefs nur Däumchen dreht und seine Arbeit nicht macht. Probieren Sie einmal eine kürzere Dauer zwischen 15 und 20 Minuten. Je kürzer, umso besser. Dann sinkt die Hemmschwelle für den Teilnehmer, sich bei Ihnen einzuwählen.

Halten Sie direkt einen weiteren Webinar-Termin fest und teilen Sie diesen Termin am Ende des Webinars Ihrem Publikum mit. Dann können sich Ihre Teilnehmer gleich überlegen, ob sie diesen Termin für sich blocken wollen. Der Vorteil von Webinar-Reihen ist, dass Sie sehen können, wie sich das Interesse entwickelt. Wenn es sich herumspricht, dass Ihre Webinare gut sind und einen Mehrwert bieten, dann ist das schon die halbe Miete. Der Vorteil ist, dass hier ein direkter Kontakt zu Kunden oder Interessenten entsteht. Man kann sich über ein Thema informieren, das einen interessiert, ohne den Schreibtisch zu verlassen. Man kann Gleichgesinnte treffen und von anderen lernen. Natürlich sind Webinare kein Selbstzweck, sondern es steht ein Interesse des Anbieters dahinter. Der Zwang, etwas zu kaufen, entfällt vordergründig, wird aber sicherlich im Nachgang aufgegriffen. Nutzen Sie die Chance, Ihren Teilnehmern auf sie zugeschnittene Angebote zu unterbreiten, indem Sie eine kurze Zeit später einen entsprechenden Newsletter oder eine Mail schicken. Da Sie eine Art von persönlichem Kontakt geschaffen haben, wird die Reaktion schon positiver ausfallen und Sie werden nicht als Junk wahrgenommen.

Sie können unkompliziert mit Ihren Kunden und Interessenten in Kontakt treten. Unter einem speziellen Fokus, der im Zusammenhang mit Ihrem Produkt oder Unternehmen steht, stellen Sie einen Mehrwert zur Verfügung, der genutzt werden kann. Oder auch nicht. Die erste Herausforderung besteht darin, dass ein Interessent davon erfährt, dass Sie ein Webinar anbieten. Die nächste Herausforderung ist das Webinar selbst. Welche Inhalte wählen Sie und wie werden Sie die Inhalte so präsentieren, dass Ihre Teilnehmer dabeibleiben? Welchen Mehrwert bieten Sie und was soll das Ziel Ihres Webinars sein? Es gibt viele Fragen, die Sie sich vorab stellen und beantworten sollten.

Der Chef kam neulich auf die Idee, er könnte doch selbst ein Webinar anbieten. Ich dachte ja, ich höre nicht recht. Der Chef möchte mal was arbeiten? Aber mein Chef wäre ja nicht Chef, wenn er nicht einen Hintergedanken dabei hätte. Er hat nämlich von einem Geschäftspartner gehört, dass in deren Firma laufend Webinare stattfinden und derjenige, der sie hält, schon Star- und Kultstatus hat. Sie mussten schon die teurere Software kaufen, denn die Teilnehmerzahl geht weit über 100 hinaus. Da der Chef ja immer schon davon träumte, reich und berühmt zu sein – reich ist er schon, es fehlt noch das Berühmtsein –, witterte er seine Chance. Wenn er sich unbeobachtet fühlt, übt er seine Posen in jedem Gegenstand, der spiegelt. Und wenn er dann so guter Laune ist, könnte ich ihm doch meinen Urlaubsantrag auf den Schreibtisch legen …

Bevor Sie ein Webinar anbieten, sollten Sie sich mit diesen Punkten auseinandersetzen:

- Was ist das Ziel Ihres Webinars?
- Welcher Inhalt soll präsentiert werden?
- Erhalten die Teilnehmer die Möglichkeit zum Mitmachen/Diskutieren?
- Welche Software werden Sie dazu nutzen?
- Passt die Software zu Ihren Absichten/reichen die Optionen für Sie aus?

- In welcher Form werden Sie präsentieren? Wählen Sie Folien, Film, Bilder usw.?
- Wer wird das Webinar halten?
- Ist der Moderator inhaltlich und moderationstechnisch fit und kann geeignet auf Fragen reagieren?
- Wie lange soll das Webinar dauern?
- Wie soll der Teilnehmer von Ihrem Webinar erfahren?
- Gibt es eine Nachbearbeitung des Webinars?
- Was nützt Ihnen als Unternehmen dieses Webinar?
- Was nützt das Webinar Ihrem Teilnehmer?

Crossover-Marketing legt auch bei Webinaren Wert darauf, dass Sie sich darüber im Klaren sind, weshalb Sie ein Webinar durchführen wollen, und dass Sie gut vorbereitet sind. Je besser die Vorbereitung, desto besser das Ergebnis. Webinare sind eine günstige Möglichkeit, Seminare abzuhalten. So können Sie unter Umständen ein größeres Publikum erreichen, als es durch eine reale Veranstaltung mit Raummiete usw. möglich wäre. Die Schwierigkeit ist jedoch die Unverbindlichkeit der Teilnehmer. Auch wenn ein Interessent Ihr Seminar interessant findet, konkurrieren Sie mit vielen anderen Dingen, die seine Aufmerksamkeit erregen. Wenn sich ein Teilnehmer plötzlich aus Ihrem Webinar ausklinkt, kann das an Desinteresse liegen. Es kann aber auch sein, dass er noch andere Termine oder Verpflichtungen hat. Das werden Sie aber nicht erfahren – Sie sehen nur, dass er weg ist. Das darf Sie nicht stören.

Wenn beispielsweise nur zwei oder drei Personen an Ihrem Webinar teilnehmen, ist das dann gut oder schlecht? Das lässt sich so nicht beantworten. Vielleicht ist es der Beginn einer Webinar-Reihe, zu der jedes Mal mehr und mehr Personen dazustoßen? Setzen Sie die Erwartungen am Anfang nicht zu hoch. Sie müssen mehrere Hürden überwinden, bis sich der Erfolg einstellt. Die Frage ist, wie lange Sie sich Zeit geben und durchhalten. Sie können frühestens nach fünf bis sechs durchgeführten Webinaren resümieren, ob

Sie weitermachen wollen. Die Voraussetzungen müssen aber alle stimmen. Sie müssen die Vorbereitungsschritte gewissenhaft erledigt haben und die oben gestellten Fragen beantworten können.

Wenn die Vorteile für Sie überwiegen und Sie sich dazu entscheiden, ein Webinar anzubieten, und Sie alle Vorbereitungen getroffen haben, bleibt eine entscheidende Frage: Wie findet der Teilnehmer Ihr Seminar? Auch hier gibt es leider keine Pauschalantwort. Wenn Geld keine Rolle spielt, können Sie zig Anzeigen überall dort schalten, wo sich Ihr Zielpublikum aufhält. Wenn Geld aber doch eine Rolle spielt, müssen Sie erfinderisch werden. Wenn Sie E-Mail-Adressen haben, schicken Sie eine Einladung per Mail. Wenn Sie regional in Ihrer Stadt arbeiten, wäre eine Handzettel-Aktion hilfreich. Wenn Sie auf Facebook, XING und Co. eine treue Fangemeinde haben, kann das der Weg zu Ihren Teilnehmern sein. Anzeigen im Internet sind kostentechnisch überschaubar, denn Sie können ein Kostenlimit einstellen und den Interessentenkreis gezielt auswählen. Damit brechen Sie regionale Grenzen auf und erhalten Zugang zu neuen möglichen Kunden. Leider muss auch hier gesagt werden, dass, je nach Themengebiet, die Kosten pro Klick bei Internetwerbung recht hoch ausfallen können – vor allem wenn Sie an erster Stelle des Suchergebnisses positioniert sein möchten und Sie mit mehreren anderen Anbietern rechnen müssen. Auch das variiert je nach Region und Schlagwort, welches Sie hierbei selbst bestimmen können.

Umsetzung – bieten Sie zu Ihrem Thema ein Webinar an:

- Wägen Sie die Vor- und Nachteile eines Webinars für Ihre Unternehmenssituation ab.
- Suchen Sie einen für Ihre Bedürfnisse geeigneten Webinar-Anbieter und prüfen Sie die Vertragslaufzeit.
- Bereiten Sie Ihr Webinar detailliert und intensiv vor.
- Bereiten Sie die Nachbearbeitung des Webinars vor und erstellen Sie gegebenenfalls Unterlagen, die Sie im Nachgang per Mail weiterleiten können.
- Legen Sie einen Weg fest, auf dem Ihr anvisierter Teilnehmerkreis von Ihrem Webinar erfährt.
- Erinnern Sie Ihre potenziellen Teilnehmer ein weiteres Mal an diesen Termin.
- Führen Sie das Webinar professionell und angenehm durch.
- Seien Sie offen für Fragen und nutzen Sie diese Möglichkeit des direkten Austausches mit Kunden und potenziellen Neukunden.

BRAND CONTENT – DIE MARKE ALS MEDIALES EREIGNIS

Getränkehersteller als Nachrichtenagenturen und Fernsehsender, Sendungen im Abendprogramm, die fast ausschließlich aus Werbung bestehen, Onlinespiele von Unternehmen, die Millionen von Menschen unterhalten – das sind gelungene Formen von Brand Content. Spannend, unterhaltsam und mit einem offensichtlichen Mehrwert für den Kunden haben Unternehmen Wege gefunden, um Ihre Marken erfolgreich in der Öffentlichkeit zu präsentieren. Der Absprung aus dem Weltall lässt sich eindeutig einem gewissen Erfrischungsgetränk zuordnen. Der Marketingerfolg für das Unternehmen übersteigt Millionen. Mit Anzeigen in Zeitschriften, TV-Spots im Abendprogramm und Homepage wäre das nicht erreichbar gewesen. Wobei man auch die Kosten in Millionenhöhe für diese Aktion mit einrechnen muss. Und da trennt sich wieder einmal die Spreu vom Weizen: beim lieben Thema Geld. Ist die Onlinevermarktung von Marken nur großen Unternehmen vorbehalten? Kann ein mittleres und kleines Unternehmen gleich die Flinte ins Korn werfen, wenn es keine Fußballnationalmannschaft und kein Formel-1-Team sponsern kann?

Lassen Sie uns einen Blick darauf werfen, was Brand Content ist und worum es geht. »Brand« steht für das deutsche Wort »Marke«, »Content« bedeutet »Inhalt«. Es geht also um den Inhalt von Marken. Der Inhalt wird medienwirksam vermarktet. Und zwar in der Form, dass der Kunde, Leser oder Zuschauer sich weder belästigt fühlt noch unter dem Eindruck von Werbung-Dauerberieselung steht. Im Gegenteil, der Interessent kommt von selbst auf die Marke oder die Inhalte zu und investiert bewusst und mit Spaß seine Zeit. Das kann in Form von Unterhaltungsshows, Fernsehsendern, Games, Musik, Nachrichtenkanälen oder Liveübertragungen im Internet stattfinden. Das kann auch das Sportevent sein, das von einem Unternehmen ins Leben gerufen wird und wobei Sie im Bildhintergrund oftmals dessen Logo sehen. Die Inhalte sind entscheidend. Es geht dabei nicht in erster Linie um Werbung. Es geht darum, genau das, wofür die Unternehmensmarke steht, mit Inhalten und Erlebnissen auszudrücken. Ein brandneues Thema, das gerade in aller Munde ist. Allerdings so neu, dass auch die wenigsten wissen, wie sie damit umgehen sollen.

Entscheidend ist auch, dass Kunden und Interessenten nichts vorgegaukelt wird. Denn wir haben es nicht mit meinungslosen Individuen zu tun. Es ist eher vergleichbar mit der Bemühung nach Aufmerksamkeit, die dem Besucher einen Mehrwert verspricht und das Versprechen auch hält. Oder sogar übertrifft. Der Inhalt steht noch vor dem Produkt des Unternehmens. Vielleicht ist in erster Linie gar nicht erkennbar, welches Unternehmen dahintersteht. Aber auf den zweiten Blick werden Sie das Unternehmen sofort finden können. Die Marke belästigt Sie aber nicht, sondern Sie werden erstaunt und begeistert sein, was dieses Unternehmen so alles auf die Beine stellt. Gelungenes Marketing!

Wie können Sie das aber in Ihrem Unternehmen umsetzen? Wie können mittlere und kleinere Unternehmen ohne großes Budget Brand Content umsetzen? Das ist die große Frage. Würde es schon zig Erfolgsbeispiele geben, könnten wir eines nach dem anderen benennen und analysieren. Aber genau da tauchen die Fragezeichen auf. Ich bin davon überzeugt, dass es Wege gibt, Brand Content zu leben, ohne ein Millionenbudget zu haben. Man braucht nur mehr Zeit und bessere Ideen. Die vor allem zu Ihrem Unternehmen passen.

Nutzen Sie die Möglichkeiten, die Sie haben. Machen Sie ein Special zu einem Thema, das zu Ihrem Unternehmen passt. Wenn Sie Hersteller von Schals sind, dann lehnen Sie sich doch an den amerikanischen Trend an, Bäume und Pfosten mit Strickschals einzuwickeln. Das sieht hübsch aus und hat schon unzählige Nachahmer auf den Plan gerufen. Rufen Sie zu einer Aktion auf und berichten Sie in Facebook, Blogs, Onlinenachrichten, in der regionalen Presse oder bei TV-Sendern, Twitter, Instagram und auf Ihrer Homepage davon. Veröffentlichen Sie Videos, Statements und Fotos der Teilnehmer. Das wird sicherlich viele interessieren und sich herumsprechen. Mit solch einer Aktion steht nicht der Hersteller, sondern der Schal an sich im Vordergrund. In zweiter Linie aber die Marke, und das ist der Mehrwert. Ein positives Erlebnis und Ereignis wird mit dieser Marke verknüpft. Und der finanzielle Aufwand ist überschaubar. Suchen Sie nach Möglichkeiten, halten Sie die Augen offen. Gehen Sie ungewöhnliche Wege, aber behalten Sie immer Ihre Unternehmensstrategie im Blick. Authentizität muss gegeben sein. Sonst werden Sie unglaubwürdig.

In einem Anfall von Kreativität hatte sich der Chef überlegt, dass er jetzt auch Brand Content umsetzen muss. Hätte ich doch nie davon angefangen … Seine Idee war, dass er einen Kinder-Tennisklub unterstützen will. Wenn der Tennisklub es in die nächsthöhere Klasse schafft, dann wird er ein VIP-Wochenende in Wimbledon verlosen und für jeden gewonnenen Spielsatz eine Magnum-Flasche Champagner spendieren. Wow, super! Dass ich das noch erleben darf! Ich habe mich dann gleich mit dem Tennisklub in Verbindung gesetzt. Die Tennistrainerin konnte meine Euphorie nicht wirklich teilen. Als ich ihr von der Chef-Idee berichtete, war es dann ganz aus. Was wohl daran lag, dass es sich um einen Kinder-Tennisklub handelte. Der Sohn vom Chef war dort kein

Unbekannter und alle Bemühungen des Chefs, aus seinem Sohn ein Tennis-Ass zu machen, waren kläglich gescheitert. Die kleinen Tennisspieler waren so grottenschlecht, dass mit Sicherheit kein Aufstieg in Sicht war, und mit Schampus konnten sie auch nichts anfangen. Zufälligerweise habe ich die VIP-Karten für Wimbledon schon im Schreibtisch meines Chefs gefunden. Na, Nachtigall, ick hör dir …

Crossover-Marketing erinnert Sie immer wieder daran, sich auf das Wesentliche zu konzentrieren. Das gilt auch in diesem Fall. Als Unternehmen können Sie das Internet dazu nutzen, mit wenig finanziellem Aufwand eine breite Masse zu erreichen. Aber es gibt auch Grenzen. Leider sind die Möglichkeiten deutlich besser, wenn Sie über ein größeres Budget verfügen. Das kann man nicht wegdiskutieren. Aber das bedeutet nicht, dass Sie keine Chance hätten, Ihr Unternehmen erfolgreich zu präsentieren – im Gegenteil. Nutzen Sie und konzentrieren Sie sich auf die Möglichkeiten, die Ihnen zur Verfügung stehen. Manchmal ist es überzeugender, wenige Kanäle in einer hervorragenden Qualität zu bearbeiten, als überall auf allen Hochzeiten zu tanzen. Vielleicht reicht es für Ihr Unternehmen völlig, nur auf Facebook aktiv zu sein. Dann ist das gut so. Konzentrieren Sie sich auf Facebook. Vielleicht ist es aber auch wichtig, dass Sie Informationen auf unterschiedliche Art und Weise im Internet bereitstellen. Dann wählen Sie den geeigneten Kanal. Nutzen Sie den Gedanken des Brand Content und präsentieren Sie Ihr Unternehmen als Marke, die man erleben kann. Gestalten Sie diese Entwicklung aktiv mit und drücken Sie ihr Ihren Stempel auf. Gehen Sie das Wagnis ein, neue Wege zu suchen, zu finden und zu beschreiten. Sicher kann man auch stolpern und fallen, aber die Erfahrung, die Sie dabei bekommen, wird Sie weiterbringen.

Der Chef wird das so nicht ganz teilen. Wenn Chef einen Fehler findet, dann gute Nacht! Neulich habe ich es gewagt, einen

Bleistift wegzuwerfen. Wohlgemerkt: Der Bleistift war vielleicht noch fünfeinhalb Zentimeter lang und damit konnte ich nun wirklich nicht mehr schreiben. Was macht Chef? Sieht den winzigen Bleistiftteil, der fast vom Papier bedeckt und so gut wie nicht mehr zu sehen war ... Ich versuche zu vergessen, was danach kam. Mein Auge wird auch irgendwann wieder aufhören zu zucken und die nervösen Lacher, die mir manchmal entschlüpfen, werden auch irgendwann vorbei sein ... Ach ja, und die nächste Bonusauszahlung wird mit der überzogenen Büromaterialbestellung verrechnet.

Wenn Sie Brand Content auf Ihr Unternehmen oder Ihre Marke anwenden möchten, sollten Sie nicht den Fehler begehen, das mit einer Werbeveranstaltung zu verwechseln. Produktpräsentationen auf eine unterhaltsame Art sind nicht Brand Content. Bei Brand Content rückt das Unternehmen in den Hintergrund. Das Erlebnis – das durch Ihr Produkt ausgelöst werden kann – steht im Vordergrund. Wenn ein Hersteller von Backöfen Brand Content umsetzt, kann das so aussehen: Sie sehen eine Sendung über das Erstellen von schnellen 20-Minuten-Menüs mit hippen Gästen. Schöne Bilder, lustige Unterhaltung, leckeres Essen und ganz nebenbei sehen Sie im Hintergrund den Firmenschriftzug auf dem Backofen. Der Backofen ist der Auslöser für die Sendung, denn hier wird eine Marke und/oder das Produkt erlebnisreich in Szene gesetzt. Ohne sich aufzudrängen. Ganz nebenbei. Und doch werden Sie sich irgendwann daran erinnern. Sie sind nicht genervt, mussten sich keine Verkaufsgespräche anhören und wissen doch, dass man durch Bedienen des Touch-Displays ganz viele Einstellungsmöglichkeiten hat. Denn das konnte man während des Kochens sehen.

Schärfen Sie Ihren Blick für diese Form der Werbung. Sie werden sie von vielen großen Unternehmen umgesetzt sehen.

Ziehen Sie Ihr Resümee und lernen Sie daraus. Suchen Sie nach Möglichkeiten, dies im Kleinen – je nach Budget – umzusetzen. Vielleicht können Sie keine Kochsendung auf Gran Canaria aufnehmen, vielleicht können Sie eine kleine Veranstaltung in Ihren Räumen durchführen, in der nicht die Werbung im Vordergrund steht – und die trotzdem eine Verbindung zu Ihrem Unternehmen hat.

Überlegen Sie sich jedoch genau, ob das ein Weg für Sie ist. Nur weil Brand Content immer öfter auftaucht, müssen Sie es jedoch nicht zwangsläufig bedienen können. Suchen Sie nach Möglichkeiten, sodass Ihre Marke und Ihr Unternehmen in Ihren bestehenden Aktivitäten erlebbar werden. Wenn Sie sich in Ihrer Broschüre, auf Ihrer Homepage oder auf Ihrer Facebook-Seite als interessant und abwechslungsreich darstellen, reicht das unter Umständen für Ihre Kunden aus. Testen Sie, was Ihre Kunden möchten. Wollen Ihre Kunden diese Art von Kontakt mit Ihrem Unternehmen? Fragen Sie sie! Beziehen Sie Ihre Kunden in Ihre Überlegungen mit ein. Wenn die Nachfrage vorhanden ist, warum nicht bedienen, wenn Sie über die Mittel und Wege verfügen? Die Gegenfrage sollten Sie sich jedoch auch stellen: Wie reagieren Ihre Kunden, wenn Sie den Brand-Content-Weg nicht gehen? Werden Ihre Kunden das merken oder vermissen?

Brand Content hat den Charme des Neuen. Es ist interessant, man weiß noch nicht so genau, wie es geht und was man machen kann oder soll. Der Vorteil ist, dass Sie auch erst einmal beobachten können, wohin die Reise geht. Wenn Sie allerdings als gutes Vorbild für Brand Content dienen, kann Ihnen das auch Vorteile bescheren. Wägen Sie ab, welche Mittel und Möglichkeiten Sie einbringen können und ob sich ein Aktivwerden unter diesem Aspekt lohnt.

Umsetzung – so gehen Sie mit Brand Content um:

- Finden Sie Möglichkeiten, die Ihre Marke oder Ihr Unternehmen erlebbar machen.
- Setzen Sie das Erlebnis in den Vordergrund.
- Vermeiden Sie eine Werbeveranstaltung – die Marke rückt in den Hintergrund.
- Prüfen Sie, ob Ihre Kunden diese Art von Aktivitäten erwarten oder überhaupt wünschen!

WIE SCHNELL FÜHRT CROSSOVER-MARKETING ZUM ERFOLG? WIE KÖNNEN KLEINERE UND MITTLERE UNTERNEHMEN PROFITIEREN?

Die Beantwortung dieser Frage ist nicht ohne Weiteres möglich. Jeder Marketingverantwortliche steht vor Herausforderungen, die von Unternehmen zu Unternehmen unterschiedlich sind. Unterschiedlich große Budgets, unterschiedliche Chefs mit ihren Anforderungen, unterschiedliche Unternehmensziele, unterschiedliche Kundengruppen – all das hat Auswirkungen auf die Art und Weise, wie Marketing betrieben wird. Es gibt keinen Königsweg, auch wenn das der Chef nicht gerne hören wird.

Die Umsetzung von *Crossover-Marketing* wird nicht innerhalb von zwei Wochen zum Erfolg führen. Dafür muss eine weitaus längere Zeitspanne angesetzt werden. Ein bis zwei Jahre gehen schnell ins Land, auch wenn schnelle Lösungen gewünscht sind. Die Hausaufgaben müssen sitzen, die Grundlagen müssen geschaffen sein. Je nachdem, wie weit Ihre Marketingaktivitäten fortgeschritten sind, können Sie schneller zum Erfolg kommen. *Crossover-Marketing* ist keine Schnellkur, sondern eine strategische Ausrichtung des Marketings, das unterschiedliche Aspekte berücksichtigt. Im Gegensatz zu reinen Philosophien geht es hierbei um praxisbezogene Handlungsfelder.

Gerade für kleinere und mittlere Unternehmen ist ein erfolgreiches Marketing wichtig, wird jedoch oftmals stiefmütterlich nebenher erledigt. Dafür fehlt Zeit und Geld. Und doch ist Marketing für diese Unternehmen unglaublich wichtig. In Do-it-yourself-Manier werden Marketingbücher quergelesen und zur Umsetzung gebracht. Mit mehr oder weniger Erfolg. Förderer von Start-ups bemängeln sehr oft die fehlende Marketingausrichtung. Hier liegt Potenzial brach, um eine Firma nach vorne zu bringen. Hierfür jemanden einzustellen, gibt das Budget nicht her, und es wird auch gerne an den Marketingausgaben gespart. Oftmals wird das Marketing von Mitarbeitern oder Firmeneignern erledigt, die nicht das Know-how dafür mitbringen – und leider allzu oft fehlt dafür das Verständnis. Der Kunde hat dafür aber kein Verständnis. Er hat die Wahl zwischen unzähligen Angeboten und er wird sich für das Ansprechendste und/oder Günstigste entscheiden. Der Kunde wird nicht entschuldigen, dass ein Unternehmen zu klein ist, um eine Marketingabteilung zu haben. Die Erwartungen sind hoch, denen müssen Sie gerecht werden oder sie sogar noch übertreffen.

Crossover-Marketing möchte gerade kleinen und mittleren Unternehmen zeigen, dass es dennoch Möglichkeiten gibt, sich erfolgreich zu präsentieren. Die Anforderungen steigen zwar, aber es gibt auch neue Wege. Die Art, Marketing zu betreiben, verändert sich durch die neuen Medien. Was früher zählte, zählt zwar auch heute noch, aber eine Menge neuer Anforderungen sind hinzugekommen. Auch mit kleinem Budget lässt sich viel erreichen, wenn zielgerichtet gearbeitet wird. Gerade die Tatsache, dass mit den neuen Medien noch viel experimentiert wird und noch nicht alle Firmen jeden Social-Media-Kanal betreiben, lässt hier noch Luft. Es gibt zwar Erkenntnisse, wie manche Erfolge herbeizuführen sind, allerdings gibt es kein allgemeingültiges Erfolgsrezept für die Nutzung der neuen Medien. Was bei einem Unternehmen funktioniert, funktioniert noch lange nicht bei allen anderen Unternehmen. Tricky, aber leider wahr.

Statt abzuwarten, wohin die Reise geht, sollten kleine und mittlere Unternehmen ihre Chance wahrnehmen. Selbst gestalten anstelle von zuschauen. Wer aktiv wird, macht auch Fehler. Aber es ist besser, Fehler zu machen, als stehen zu bleiben und abzuwarten. »Wer nicht wagt, der nicht gewinnt« gilt auch hier. Wer sich entscheidet mitzumischen, kann Erfahrungen sammeln und herausfinden, was für das eigene Unternehmen funktioniert – und was nicht. Auch diese Erkenntnis hilft weiter. Die Arbeit in den Social-Media-Kanälen ist keine Einweg-Kommunikation. Interessenten, Kunden und Unternehmen begegnen sich auf Augenhöhe und wollen mit Respekt behandelt werden. Nutzlose Werbung wird abgestraft. Guter Dialog und sinnvolle Kommunikation wird belohnt. Hier liegt die Chance für kleine und mittlere Unternehmen. Das Internet bietet Ihnen den Rahmen, ohne große Barrieren mit einer riesigen potenziellen Zielgruppe zu sprechen. Wenig Kosten sind nötig, um das eigene Unternehmen einer großen Zahl von Besuchern zu präsentieren. Dank Social Media kann ein Eindruck gewonnen werden, ob das eigene Produkt gut ankommt oder was geändert werden muss. Die Community ist schonungslos, aber auch negatives Feedback trägt dazu bei, als Unternehmen besser zu werden.

Als kleines und mittleres Unternehmen haben Sie zwar den Nachteil eines kleineren Budgets, aber Sie genießen den Vorteil der schnellen Entscheidung. Eine Marketingkampagne in einem großen Unternehmen oder Konzern durchzuführen ist ein monatelanges Unterfangen. Je nach Hierarchiestufe müssen erst unterschiedliche Genehmigungen eingeholt werden. Budgetabstimmungen und Abstimmungen mit mehreren betroffenen Abteilungen finden statt. Konzepte werden erstellt und verworfen, bis sich jeder wiederfindet und der kleinste gemeinsame Nenner übrig bleibt. Mehrere Angebote von Agenturen müssen eingeholt werden.

CI-Richtlinien müssen eingehalten werden. Die Firmenphilosophie muss berücksichtigt werden. Und noch vieles mehr. Hier geht viel Zeit verloren und auch viel Kreativität. Deshalb haben kleinere Unternehmen gute Chancen, auch unkonventionelle Marketingaktivitäten durchzuführen. Die Entscheidungswege sind kürzer und oftmals ist die Bereitschaft eher vorhanden, neue Stile zuzulassen. Mit Humor kann viel erreicht werden, Fehler im Marketing werden verziehen, weil ein kleineres Unternehmen nicht so perfekt erscheinen muss wie ein Konzern beispielsweise. Fehler beim Produkt dürfen hingegen nicht passieren, das wird auch hier nicht verziehen.

Die Grundlage für den Erfolg von *Crossover-Marketing* basiert auf einem sehr guten Produkt. Das Marketing kann noch so gut sein, aber die Wirkung verpufft, wenn das Produkt schlecht ist. Die Kombination von gutem Produkt mit nachdrücklicher Bearbeitung der klassischen und neuen Marketinginstrumente ist die Basis für *Crossover-Marketing*. Große Budgets schaffen schneller größere Erfolge, das lässt sich nicht wegdiskutieren – kleinere Budgets können ebenfalls zu großem Erfolg führen, vielleicht braucht es einfach mehr Zeit. Erfolg gibt es aber nur, wenn etwas unternommen wird! Seien Sie Marketingunternehmer und leben Sie *Crossover-Marketing*!

NACHWORT ZU MEINEM CHEF: ER UND ICH SIND SOOOO DICKE MITEINANDER

Nicht dass ein falscher Eindruck hier entsteht, mein Chef und ich sind richtig dicke miteinander. Oder vielleicht trifft auch der Begriff »Hass-Liebe« zu. Nichtsdestotrotz hat mein Chef auch seine guten Seiten. Und sind wir nicht alle ein bisschen wie ein Chef? Oder ist nicht jeder Chef ein bisschen wie hier beschrieben? Chefs sind nicht zu beneiden. Denn sie müssen viel Verantwortung tragen. Auch wenn wir uns gerne lustig über sie machen – nur wenn sie nicht dabei sind –, so blicken wir auch mit Bewunderung auf Ihre Leistungen. Klar, hätte ich auch hingekriegt, oder doch nicht?

Auch wenn mir mein Chef sehr ans Herz gewachsen ist und ich ihn doch ab und zu gerne nach Timbuktu gewünscht hätte, so muss ich doch zugeben, dass er frei erfunden ist. Sicherlich stellt er eine Schnittmenge aus vielen unterschiedlichen Chefs dar, die wohl jeder schon in der einen oder anderen Form so erlebt hat. Doch manches ist auch auf die Spitze getrieben, was aus einem reinen Social-Media-Ratgeber eine unterhaltsamere Lektüre – jedoch mit Tiefgang – machen soll. Mir hat mein Chef so manches Lachen während des Schreibens beschert und manchmal ertappte ich mich dabei, dass ich ihn für eine echte Person hielt. Die Fehler des Chefs lenken auch gerne von den eigenen Unzulänglichkeiten ab und erlauben uns, Menschen mit Fehlern zu sein.

Der Druck in der Arbeitswelt zu bestehen, ist groß genug und wir müssen Ergebnisse abliefern. Da soll der Chef die Balance und das Augenzwinkern ermöglichen, damit sich der Druck besser aushalten lässt. Sie sind nicht der einzige Marketingverantwortliche, der einen anspruchsvollen Chef hat, der Wunder von Ihnen erwartet, die nicht umsetzbar sind. Denken Sie an den Chef hier aus diesem Buch und behalten Sie sich die Motivation und die Freude an Ihrer Arbeit. Mit dem richtigen Blickwinkel lässt sich manches leichter umsetzen.

Für mich ist mein Chef ein treuer Begleiter dieses Buchs geworden. Manchmal habe ich ihn gehasst, aber doch sind wir ganz dicke. Und möchte nicht jeder seinen Chef beeindrucken?

NACHWORT: LEBEN SIE CROSSOVER-MARKETING MIT MOTIVATION UND FREUDE

Als Marketingverantwortlicher haben Sie es nicht leicht. Vor allem nicht, wenn Sie möglichst großartige Ergebnisse mit geringem Budget erreichen müssen. Auf allen Hochzeiten zu tanzen wird schwer. Alles mit Perfektion zu absolvieren noch schwerer. *Crossover-Marketing* stellt Sie in jeder Disziplin vor die Frage, ob Sie Ihre Aufgaben gewissenhaft erledigt haben. Weiterhin werden Sie gefragt, ob Sie dazu in der Lage sind, jeden Schritt mit Motivation und sehr guter Vorbereitung zu gehen. Genau hier setzt der Erfolg an. Ihre Kunden werden Ihre Motivation spüren. Freude an der Arbeit wird auch im Ergebnis sichtbar sein. Jederzeit das Beste zu geben, wird sich im Resultat widerspiegeln.

Ich muss Ihnen recht geben, wenn Sie sagen, mit mehr Budget könne man mehr erreichen. Das ist richtig. Aber ein großes Unternehmen hat irgendwann auch einmal klein angefangen. Wenn Sie den Vorteil eines großen Budgets nicht haben, sind Sie nicht vom Spiel ausgeschlossen. Das Internet bietet so viele Möglichkeiten, die bereit für Sie sind. Sie haben dadurch die Möglichkeit, sich professionell mit gezielt eingesetzten Mitteln zu präsentieren. Kreativität gewinnt. Wer hätte gedacht, dass sich aus selbst gemachten Häkelmützen eine deutschlandweite Manie entwickelt? Oder dass sich aus einfachen Gummibändchen Kinder weltweit Armbänder basteln? Da klingelt der Geldbeutel …

Wenn Sie ein gutes Produkt haben, dann können Sie mit zielgerichteter Vermarktung viel erreichen. Manchmal gehört auch ein Stückchen Glück dazu. Da werden Sie sicherlich viele Geschichten kennen, die genau davon handeln. Aber es gehört auch Arbeit, Arbeit und nochmals Arbeit dazu. Von selbst kommen die wenigsten Kunden, es braucht immer einen Anstoß. Einmal Erfolg zu haben heißt nicht, dauerhaft Erfolg zu haben. *Crossover-Marketing* fordert Sie dazu auf, ständig am Ball zu bleiben und ständig auf höchste Qualität in der Umsetzung zu achten. Geben Sie jeder Aktivität Bedeutung, indem Sie sie mit Bedacht und Motivation erledigen. Das überträgt sich und wirkt sich positiv aus. Verlieren Sie sich nicht im Detail, sondern halten Sie Ihre Unternehmensziele im Blick. Nutzen Sie neue Instrumente nur dann, wenn Sie sie auch gewissenhaft und dauerhaft bearbeiten können. Ein einmal angelegtes Youtube-Portal beschert Ihnen nicht automatisch Millionen von Klicks. Auch hier ist Pflege notwendig. Das Internet ist schnell und genauso schnell wird man Ihr Unternehmen und Ihre Produkte vergessen, wenn Sie nicht nachlegen.

Crossover-Marketing legt Ihnen keine Zwänge auf und sagt Ihnen auch nicht, dass Sie nur durch diesen oder jenen Schritt erfolgreich werden. Kein Weg wird genau gleich sein. Was für Ihr Unternehmen Gold wert ist, kann für ein anderes Unternehmen fatal sein. Sie brauchen Weitsicht, Grundlagenarbeit und Kreativität. Ziehen Sie aus diesem Buch Ihre Schlüsse und überlegen Sie sich, was zu Ihnen und Ihrem Unternehmen passt. Sie müssen sich dabei wohlfühlen und es muss sich für Sie »richtig« anfühlen. Dann werden Sie auch die dazu passende Motivation entwickeln.

Ich wünsche Ihnen, dass Sie Ihren Weg finden. Dass Sie dieses Buch bis zu dieser Stelle gelesen haben, zeigt, dass Sie motiviert sind, etwas zu tun. Erhalten Sie sich diese Motivation und setzen Sie sie ein. Aller Anfang ist schwer, aber es lohnt sich. Sobald Sie positive Resonanz erhalten, wird Sie das weiter motivieren und ein Kreislauf entsteht, der Erfolg versprechend ist. Leben Sie *Crossover-Marketing*! Schauen Sie über den Tellerrand hinaus und nutzen Sie

Chancen, die sich auftun. Die Schnelllebigkeit des Internets kann für Sie neue Wege eröffnen. Gestalten Sie aktiv die Entwicklung Ihres Unternehmens in der Außenkommunikation. *Crossover-Marketing* soll Ihnen dazu eine Stütze sein, um Ihren persönlichen Unternehmensweg zu finden. Wenn ich Sie auf Ihrem Weg ein Stück begleiten durfte, freue ich mich und wünsche Ihnen das Beste!

Ihr Jonathan Sander